2019年度日本建築学会設計競技優秀作品集

ダンチを再考する

CONTENTS

刊行にあたって ●日本建築学会 ……………… 2
あいさつ ●赤松 佳珠子 ……………… 3
総　評 ●渡辺 真理 ……………… 4
全国入選作品・講評 ……………… 7
　最優秀賞 ……………… 8
　優秀賞 ……………… 12
　佳　作 ……………… 20
　タジマ奨励賞 ……………… 32
支部入選作品・講評 ……………… 49
　支部入選 ……………… 50
応募要項 ……………… 89
入選者・応募数一覧 ……………… 92
事業概要・沿革 ……………… 93
1952～2018年／課題と入選者一覧 ……………… 93

設計競技事業委員会
(敬称略五十音順)

〈2018〉2018年6月～2019年5月
委員長 赤松佳珠子（事業理事、法政大学教授）
幹　事 木島千嘉（木島千嘉建築設計事務所／O.F.D.A.主宰）*　日野雅司（東京電機大学准教授／SALHAUS共同主宰）
委　員 大植　哲（山下設計執行役員建築設計部門副部門長第2設計部統括部長）*　輿石直幸（早稲田大学教授）　小林　光（東北大学准教授）*
　　　　 高口洋人（早稲田大学教授）　中井邦夫（神奈川大学教授）　福井　潔（日建設計防災計画室室長）　山田　哲（東京工業大学教授）*
　注）無印委員　任期　2017年6月～2019年5月末日／*印委員　任期　2018年6月～2020年5月末日

〈2019〉2019年6月～2020年5月
委員長 冨永祥子（事業理事、工学院大学教授）*
幹　事 木島千嘉（木島千嘉建築設計事務所／O.F.D.A.主宰）　安森亮雄（宇都宮大学准教授）*
委　員 今本啓一（東京理科大学教授）*　畝森泰行（畝森泰行建築設計事務所）*
　　　　 大植　哲（山下設計執行役員建築設計部門副部門長第2設計部統括部長）　小林　光（東北大学准教授）
　　　　 土屋伸一（明野設備研究所取締役執行役員）*　山田　哲（東京工業大学教授）　横尾昇剛（宇都宮大学准教授）*
　注）無印委員　任期　2018年6月～2020年5月末日／*印委員　任期　2019年6月～2021年5月末日

課題「ダンチを再考する」
全国審査会
委員長 渡辺真理（法政大学教授）
審査員 井関和朗（団地研究所代表）　大月敏雄（東京大学教授）　小林　光（東北大学准教授）
　　　　 平山文則（岡山理科大学教授）　前田茂樹（ジオ-グラフィック・デザイン・ラボ）　本江正茂（東北大学准教授）

刊行にあたって

作品集の刊行にあたって

　日本建築学会は、その目的に「建築に関する学術・技術・芸術の進歩発達をはかる」と示されていて、建築界に幅広く会員をもち、会員数3万6千名を擁する学会です。これは「建築」が"Architecture"と訳され、学術・技術・芸術の三つの分野の力をかりて、時間を総合的に組み立てるものであることから、総合性を重視しなければならないためです。

　そこで本会は、この目的に照らして設計競技を実施しています。始まったのは1906（明治39）年の「日露戦役記念建築物意匠案懸賞募集」で、以後、数々の設計競技を開催してきました。とくに、1952（昭和27）年度からは、支部共通事業として毎年課題を決めて実施するようになりました。それが今日では若手会員の設計者としての登竜門として周知され、定着したわけです。

　ところで、本会にはかねてより建築界最高の建築作品賞として、日本建築学会賞（作品）が設けられており、さらに1995年より、各年度の優れた建築に対して作品選奨が設けられました。本事業で、優れた成績を収めた諸氏は、さらにこれらの賞・奨を目指して、研鑽を重ねられることを期待しております。

　また、1995年より、本会では支部共通事業である設計競技の成果を広く一般社会に公開することにより、さらにその成果を社会に還元したいと考え、作品集を刊行することになりました。

　この作品集が、本会員のみならず建築家を目指す若い設計者、および学生諸君のための指針となる資料として、広く利用されることを期待しています。

日本建築学会

あいさつ

2019年度 支部共通事業　日本建築学会設計競技
「ダンチを再考する」

前事業理事
赤松 佳珠子

2019年度の設計競技の経過報告は以下の通りである。

第1回設計競技事業委員会（2018年8月開催）において、渡辺真理先生（法政大学／設計組織ADH）に審査委員長を依頼することとした。2019年度課題は、渡辺審査委員長より「ダンチを再考する」の提案を受け、各支部から意見を集め、それらをもとに設計競技事業委員・全国審査員合同委員会（2018年12月開催）において課題を決定、審査委員7名による構成で全国審査会を設置した。2019年2月より募集を開始し、同年6月17日に締め切った。応募総数は239作品を数えた。

全国1次審査会（2019年7月31日開催）において、各支部審査を勝ちのぼった支部入選59作品を対象として、全国入選候補12作品とタジマ奨励賞10作品を選考した。全国2次審査会（2019年9月3日開催）は、建築学会大会の開催された金沢工業大学にて、公開審査会として行われた。大会会場での公開審査会は今回で18回を数える。熱心なプレゼンテーションと質疑審議が行われた審査会は大会参加者による多数の参観を得ており、会員に開かれた事業として当設計競技に大きな関心が寄せられている証でもある。審査会における各応募者のプレゼンテーションはきわめて高い水準であった。

総 評

ダンチを再考する

審査委員長
渡辺 真理

　1次審査および2次審査は、提案の審査だけではなく、日本各地の団地の現況を縦覧する貴重な機会が与えられたようにも感じられた。団地にも高齢化、空き家など現在わが国に生じている都市問題とパラレルな問題が生じている。それは想定外のことではなかったが、社会の近代化の象徴として日本全国にばらまかれた標準設計の住棟がその後どのような変遷を経ているのか、なんらかの手続きを経て社会に受容されたのか、それともいまでも異物エイリアンとして処遇されているのか、そしてそのどこに若い学生たちのケミストリーが反応したのか。2次審査に選定された12団地を北から南に縦覧してみよう。

　<富丘団地>昭和40年代に673戸が建てられた。コンクリートブロック造の「簡平（カンピラ）」団地はその約1/4の167戸が「政策空き家」となっている。提案は、4戸長屋を2戸に変更のうえコンクリートブロックを断熱し、大きな屋根に掛け替えてロフト空間を付加するもので、それはそれで妥当な解決案なのだが、リアルを乗り越える何かが見当たらなかった。

　<桐ヶ丘中央商店街団地>団地の商店街に狙いを絞った着眼点はよい。しかし、昨今、団地以外でも商店街が軒並みシャッター街化している重い現実を慮るなら、解決提案が安直かつ総花的である。赤羽の町が昭和レトロを売りにして平成の若者までも吸引しているたくましさから学んでもよかったのではないか？

　<豪徳寺住宅>住宅地の中に棟の住棟が長方形の囲み型団地を作っている。団地の一部を児童養護施設に転用するという意外性と（発表ではほとんど触れられなかったが）子どものスケールを断面図に丁寧に捉えていた点と優れたドローイング力がそれぞれ評価の対象となった。

　<常盤平団地>団地の屋上を人の主導線と魅力的なルーフガーデンにできたとするとどうなるだろうか。高齢者に不人気な最上階がコモンスペースとして活用され、下階の住戸も意味が変わるのではないか？　ファンタジーと切り捨てることは容易だが、このくらいのインパクトがないと団地のイメージは変わらないのかもしれない。しかし北側中央住棟を撤去する必然性はあったのだろうか？

　<岩成台団地>団地の住棟間を空間ストックとみなし、生物や植物の居場所に変換できないか。周囲の戸建て住宅の海に屹立する団地住棟をエコロジー研究所に変えてはどうかという着想は秀逸だが、シリンダー状の大掛かりな設えと小鳥がミスマッチのように思える。

＜尾崎団地＞標準型の住棟の非構造部分の壁を一部撤去し再構成することで、サ高住に変換できるのではないかという提案は一見すると地味だが、＜住戸の結合＞という、リアルでありつつ、インパクトのある提案として徐々に支持を伸ばした。建物前面に増築するテラス通路空間はもう少し丁寧にデザインできたのではないだろうか。

＜宇治団地＞住まいにもっとフレキシビリティを与えられないかという願望はきわめて本来的なものである。家族の成長、ライフステージによって変化する住まいについては著者も『孤の集住体』（住まいの図書館出版局、1998年）のなかでレポートしたことがある（セントラルヴォーネン・デルフト）。

＜長瀬東団地＞団地が東大阪市というものづくりの街に「消化される」（＝受容される）ためにはどうしたらよいだろうか。団地を職住近接の「まちのインキュベーター」にすることで「地域問題解決の起点にできないか」という作者の意図にはシンパシーを感じる。実際、この団地は周辺の都市組織に既に溶け込んでいるように見える。

＜仁川団地＞仁川団地はループ状の道路計画が特徴的だが、スターハウス7棟はループ道路の南側に段状に団地中央緑地を取り巻くように配置されている。この絶妙な敷地をどう活用できるか。7棟をウッドデッキで連結し、公共的な用途の施設（アソビバ）に変換するのは良いが、もっと積極的に地域の公園（アソビバ）として提案できたのではないか。

＜赤滝団地＞本家−隠居家、インキョーワッカシなど地域の居住にかかる生活形態をよく調査し、それを計画の原点としているところは好感がもてる。その分デザイン提案がリアルに拘束されたのが惜しい。

＜福浜（1丁目）団地＞3LDK平面を今日の縮小家族は持て余し気味である。バルコニー側に増築し、南面2居室（タタミ室）と一体化することで、共用空間を飛躍的に増加させると同時に、均質的な団地の立面を徹底的に解体し、戯画化する。この提案は南面採光という団地神話の解体のためのエクササイズなので北面は現状のままでかまわない。なるほど。

＜上熊本団地＞台湾やヴェトナムでは集合住宅に大胆に個別的な増築が行われていることがあるが、それが住棟立面の画一性解消に貢献している。そういった諸外国の事例を思うなら、「もう一部屋」を各住戸に増築することで住まいにフレキシビリティを与え、同時に団地の画一的なイメージを解消するというこの提案もあながち夢物語ではない。

全国入選作品・講評

最優秀賞
優秀賞
佳作
タジマ奨励賞

支部入選した59作品のうち1次審査・2次審査を経て入選した
12作品とタジマ奨励賞10作品です
（2作品は全国入選とタジマ奨励賞の同時受賞）

タジマ奨励賞：学部学生の個人またはグループを対象としてタジマ建築教育
振興基金により授与される賞です

最優秀賞 25

ゴキンジョサイコウ
― 住戸をヘヤに分解し、サ高住化する ―

中山真由美
名古屋工業大学

CONCEPT

団地には、現代の匿名性の高い暮らしにはない、「ご近所さんとのコミュニティ」がある。
しかし、居住者が高齢になりサ高住へ移転することになると、ご近所さんとのつながりや、思い出の深い部屋などを失うことになってしまう。
そこで、空き住戸や空き部屋の増えた団地の内部に土間を引き込んで、住戸をヘヤに分割し、サ高住化する。
子どもや配偶者がいなくなっても、「ご近所さん」という新たな家族とともに、第2の人生がはじまる。

支部講評

岐阜県各務原市の尾崎団地を対象に、高齢者が要介護状態になっても孤立せず住み続けられるよう、サービス付き高齢者向け住宅を中心とした多世代居住の住まいへ再構築した提案である。空間構成では、既存の画一的な3DKの住戸を部屋単位に分解し、新たにバルコニーから内部へ伸びる路地状の土間によって各部屋と近隣とを結び付け、日常的な交流や活動を誘発しようとしている点が特徴的である。土間に面した各部屋の境界部は、建具に可変性をもたせ、室内外の関係性を調節できるように工夫している。本提案は、既存住棟を大幅に改造することなく、住民生活の質的向上や持続可能なコミュニティ形成が期待できる案として評価できる。

（木下誠一）

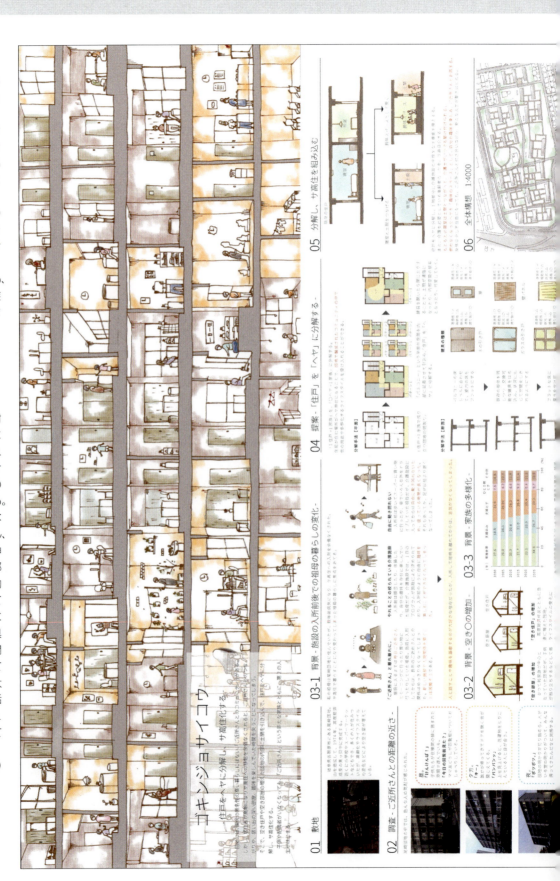

全国講評

本提案者はまず、本人の祖母が住み慣れた団地からサービス付き高齢者向け住宅（サ高住）へ引っ越しする際に、買い物、挨拶、散歩、体操、庭いじりといった、ほんのささやかだけど「自由」な行為が簡単に消え去ってしまったことをもって、団地を再考するうえでの計画すべき価値がなんであるかを、切実さをもって明らかにしている。地域空間や地域資源との関わりのなかで、誰もがもっているはずの「普通の暮らし」を、別の場所で再現・再構築することは極めて難しい。このことが、各種住居系施設計画の最大課題と言ってもいい。ことほど左様に、「普通の暮らし」は一見単純そうに見えても、一筋縄では解けない、ナイーブで複雑な成り立ち方をしている。本提案は、設計者の誰もが避けたい、あるいは、あまりにも普通のことなので事の本質が解らないまま素通りしてしまう、複雑でナイーブな「普通の生活」の創造的再構築に果敢にチャレンジしようとしている。

建築的解法としては、耐震補強要素ともなるEVシャフト付きの拡張バルコニーを南側に付設し、整形四つ間取りの3DKの間仕切り沿いに、「土間」を挿入して住宅を室に解体し、多様な家族の器とする。時間差で土間を室内に取り入れて利用できるようにもなる。さらに、これらのアイデアを多数のわかりやすいイラストで説明しているが、建築の表現にもっと磨きがかかれば、より高く評価されるだろう。

（大月敏雄）

最優秀賞 33

ヤドカリダンチ

大西琴子
郭宏阳
宅野蒼生

神戸大学

CONCEPT

団地は均質的な「家」が多く家族構成の変化が空き家増加の一因である。変化にあわせて住み替える「ヤドカリ方式」を提案する。人口減少社会の中で完全にはなくならない「空き家」だが、団地住人が運営する「ヤドカリホテル」とし、「住んでいても、いなくてもいい」状態をつくる。また、ローカルビジネスを配置して観光拠点の一つとする。住人・ローカルビジネス・宿泊客の循環ができ、ヤドカリは「貝殻をシェア」して自由に暮らす。

支部講評

成長に伴う移住が生きるための手段であるヤドカリ界では、きっと空き家問題は起っていないだろう。その生態系の仕組みに目をつけ、人間界に存在する住宅難や雇用問題、さらには少子高齢化問題をも、地域のコミュニティレベルで解決しようという、地道でありながらも挑戦的な魅力を感じる提案である。宇治という場所の設定とダンチの活用の仕方、そして巨大資本をあてにしない地域通貨的発想の運営規模が、提案に無理のない現実味を与えている。表現も達者で自己の理解を強いるに十分な力量であるが、新たに付加する要素とそこに生まれる空間表現には、もう少し緩やかで温かみのある場所づくりが意識されてもよかったのではないかと思う。

（梅田善愛）

全国講評

南に平等院や宇治上神社などの観光地を遠望できる京都府宇治市の私鉄駅に近い5階建て階段室型団地を対象とした提案である。

均質な平面は「家族が多くなっても少なくなっても住みにくい」との考えから、アプローチ縦動線である階段室を無くすことでプランの自由度を高め、多様な平面形を生み出し、ライフスタイルの変化に応じて積極的に住み替えていくことを提案している。また、空室は駅に近い観光地であることを利用して貸し出す「ヤドカリ方式」を、継続していくための運用上の工夫も含めてリアリティのある提案をしている点が高く評価された。

特に、観光地ならではの宿泊「ヤドカリホテル」や情報案内機能等を設けて新たな雇用を生み出すなど、長期間にわたり変化発展が可能なハードとソフトの仕組みまで発展させている点が秀でている。

周辺地域との関係において、街並みに対して大きすぎ、かつ観光客や地域住民動線の妨げとなっているボリュームを抑制するために、オープンスペースを短冊状に設けて通り抜けを可能とし、「貝殻のシェア」と言うコンセプトに基づいた金属メッシュの薄い外皮でそれを外観上も示している点や観光地側に開き、既存住宅地側には閉じた空間構成など、機能とデザインが整合している点は好感がもてる。

（平山文則）

優秀賞 12

子供のおうちと団地のかたち

吉田智裕　高橋駿太
倉持翔太　長谷川千眞
東京理科大学

CONCEPT

現在団地は、人口・ライフスタイルの変化による空き家問題や老朽化など、さまざまな課題を抱えている。

採光・通風などに優れ、広い中庭や豊かな植栽など恵まれた環境をもつ団地は、かつて住宅不足を解消し、社会保障としての受け皿の役割を果たしてきた。

本提案では、児童養護施設が団地へ混ざり込むように住戸群の一部をコンバージョンすることでダンチが新たに子どもたちの受け皿となると同時に、建設当時から抱えているさまざまな境界をほどく。

支部講評

閉鎖性という共通課題をもつ団地と児童養護施設を、境界等の再構築で掛け合わせ、相乗効果を狙った提案である。極めて建築的観点で取り巻く環境まで変えようとする姿勢に好感がもてた。また合理的でコンパクトに造られた団地の住戸空間は、逆に子ども視点では安心感があり、わくわくするものになる可能性があることに着眼した点も面白い。子どもの活気が戻ることで団地再生となる様子がノスタルジックな断面パースによく表されており、力量を感じる。一方、その建築手法自体は既知感があり、敷地外との関係性の発想も乏しく、もう少し新しい建築のあり方に挑戦してほしかった。団地問題＝都市問題と捉える視点があると発想が広がったのではないかと思われ残念である。

（有吉匡）

全国講評

近年社会をにぎわせている言葉に、「ジソウ（児相：児童相談所）」があるが、これは児童虐待や子育てなどの相談・解決機能を果たす公的機関である。本提案が対象としている児童養護施設は、親と一緒に暮らせない子どもたちが生活する場として、ジソウで入所を判断される施設である。施設単独で設置され、社会との接点をもちにくい環境であることも多く、「施設から家庭的環境へ」と移行しつつある先進国中で日本は大層遅れている。また、社会接続性の少ない職場環境も、スタッフの労働環境上の課題である。さらに、「児童」以外を原則対象としていないため、18歳になった途端に「自立」を迫られ、子どもが社会に馴染めないままリスクの高い人生を送らざるを得ないケースも多々生じている。このように、児童養護施設を取り巻く課題は、白黒をはっきりつけ、0か100かで社会をデジタルに切りとり、射程の狭い行政措置の対象とすることの得意な日本的制度設計の貧困がもたらす典型的な社会課題である。これに輪をかけて、日本の児童養護施設は、子育て施設や障害者施設と同様、地域に嫌われがちなニンビー施設（NIMBY: Not In My Back Yard）でもある。

普段の建築業界では、人の口の端にも上ることも少ない、この深刻な社会課題に正面から挑み、地域の古い住宅団地ストックを用いて、この施設を施設でなくする試みを、建築計画として、建築デザインとして、高レベルで解いている点が高く評価される。

（大月敏雄）

優秀賞 18

ソラニワ団地
～住む下町、集う上町～

髙橋朋　増野亜美
鈴木俊策　渡邉健太郎

日本大学

CONCEPT

団地の役割を変えようとさまざまな策が講じられてきたが、どれもパブリックが地上レベルで、住居が上階に集められており、結局団地の問題から抜け出せていない。
そこで、パブリックと住居の上下関係を逆転させ、団地の3階までを低層住宅、4階と屋上を共有部として展開する「ソラニワ」を提案する。団地全体がネットワークとして展開されるソラニワは団地の問題を解決すると同時に、賑わいももたらす。

支部講評

団地は画一性と合理性を徹底して普及が進んだが、その陳腐化は現在抱える問題といえる。本提案はその特質を「バリアフリー」の観点で再読し、新たな価値を付加する試みであり、素直であるが説得力ある発想を評価した。手法はシンプルである。画一的でフラットな建物群を逆手に最小の共有EV、ブリッジ設置することで、上層部を環境良好なパブリックエリアとして街を取込むもの。少ない改修で団地の都市との再結合に挑戦している。緑のシェルをまとった団地は、あらたな都市施設の出現を期待させる。しかし、肝心の縦動線EVと連絡デッキにアイデアがなく、現実に人が集まる街となるようもっと地上部との連絡に魅了的な仕掛けづくりが必要ではないか。

（有吉匡）

全国講評

千葉県松戸市の大規模団地（4階建て170棟、1962年入居開始）を対象にした提案である。エレベーターがないことによる上層階へのアクセス不便による空室増、使われていない広大な外部空間等の問題分析から、上層階をパブリックな空間「ソラニワ」に特化させ、地域で必要とされるレンタルオフィスやホテル、シェアキッチンなどを設けてデッキで隣棟間をつなぎ、地域を活き活きと蘇らせるきっかけを創造している。また、「ソラニワ」を象徴する木製パーゴラを設けたスカイラインの劇的な変化は、都市的スケールにおいても地域に活気を与え、新たな機能付加や集客の予感もあり、全国の同種施設への展開も期待できる。これらのことからこの作品は高く評価された。

ただし、この種の屋上空間利用では、日常的に人々がその空間に上がり、使うかが成功のカギだと言われており、エレベーター増設や敷地中央部の盛り土等からの階段のみで「ソラニワ」に人々を導く提案はやや弱く課題が残る。敷地外へのデッキ接続や中間階に「ソラニワ」の一部を設けるなどのバリエーションもあっても良かったかもしれない。

（平山文則）

団地アソビバ計画
―消えゆく仁川スターハウスの再生―

優秀賞 36

中倉俊
植田実香
王憶伊

神戸大学

CONCEPT

兵庫県宝塚市、仁川団地の風景とも言えるスターハウス群は近い将来、消え去ろうとしています。解体とは別の方法で仁川により深く根付く新しいスターハウスを模索しました。
造成当時と現在で緑地と宅地が入れ替わる"プライベートとパブリックの反転"から、周辺住人のための地域拠点としての機能を各棟に設定し、内外を行き来する木造フレームによって敷地全体を大きな「アソビバ」にする転換を試みました。

支部講評

描かれている楽しそうな光景にまずは惹き込まれた。景観的観点からポイントハウスという別名もあるが、少し意地悪く一住戸をまさに点として見たとき、中途半端な距離感で相互の生活が対峙する環境は、住む立場で考えた場合確かに存命の価値は見出し難い。本提案は、その点と点を繋ぐ余白に新しい意味と魅力を与え、住環境やコミュニティの核として再生しようという試みである。高密な住棟配置の余白をも、コストや効率を度外視してフルに活用しきった、ある意味挑戦的な当時の人々の試みから、現代の社会的課題や価値観のなかにスターハウスを存命させ続けようという、若者の意欲的な挑戦が時を経て連関していることが清々しい。

(梅田善愛)

全国講評

本作品は、その対象を団地の形態としては必ずしも標準的ではない仁川団地のスターハウスに定め、当該敷地とスターハウスだからこそ可能な提案を行っている。造成からの歳月が団地を都市の中に残された緑地や開放空間として価値のある環境に変えているケースは少なくない。仁川団地のスターハウス群は高低差のある敷地に残されたボリュームのある緑を取り囲むように配置されている。このスターハウスが群として敷地のもつ緑や地形、すなわち団地に残された環境を楽しませるポテンシャルをもつことに着目し、住居機能をもたないパブリックな施設「アソビバ」として再生する魅力的な提案である。「いいのを選定しましたね」というのがはじめの印象だった。

高低差のある複数のスターハウスにそれぞれ異なる機能をもたせながら、これらを繋ぐさまざまな遊びの要素を盛り込んだデッキを計画して一体化するとともに、スターハウスには三面に開口を設けて敷地の環境を取り込む計画で、サイトのもつポテンシャルの観察に基づく合理的な展開と楽しそうな計画が評価された。一方で、現実的な視点からデッキをスロープ化してバリアフリー化することや、アソビバに計画する機能については、敷地を超えて計画地のパブリックなニーズを分析した提案がなされれば、さらにリアルで魅力的な提案になると思われた。

（小林光）

優秀賞 52

Koya.
~小屋を取り込み、多様性を生む~

河野賢之介
鎌田蒼
正宗尚馬

熊本大学

CONCEPT

高度経済成長期に建てられた団地は当時の憧れであり、住むことがステータスでもあった。しかし、近年消費者のお金をかける対象が"モノ"から"コト"へ変化していることが分かってきている。そんな多様性が求められる今日には、個人の趣味や家族構成にあったLDKとは異なる空間が必要である。そこで、個人のための狭小空間とあたたかみのある木質空間を持つ「小屋」を団地に取り入れる。

支部講評

本案が面白いのは、飛び出した木の「小屋」がリビングや寝室の延長ではなく、新たな個室である点である。リビングとは壁で隔てられ、外部に半屋外としてつながっている小屋もあれば、寝室から飛び出した小屋もある。従来の団地は、画一的で、多様化した現代の住まい手の個々のニーズにあわない。そこで、個人の趣味や嗜好を実現する場を、飛び出させ、独立性を高めたプラスαの個室として提案している。コンクリートの無機的な素材に有機的な木が加わることで、画一的なファサードが、一気に賑やかになっている。個々の使われ方の具体例が示されており、確かにこのような部屋があればいいと思わせるものばかりである。建築表現のレベルも非常に高い。
（福田展淳）

全 国 講 評

団地の存在意義であった「標準化」に対して、現代はライフスタイルの多様性にあわせた「カスタマイズ」の時代になり、この課題ではその対応が求められている。2次審査の口頭プレゼンテーションの質疑応答にて、少し見慣れた形である小屋を団地にプラグインすることについては、「あえてわかりやすいアイコンをつけることが、全国の団地への波及効果を期待している」旨の返答をしていたことは納得した。完全に団地であるかすら判別できないように、躯体だけを利用して改修するよりも、団地である外観を残しながら小屋をプラグインすることが、かつての日本の風景をつくってきた団地へのリスペクトにもなるということだろうか。しかしながら、その方向でリアリティを求めていくのであれば、屋根も壁も木の現しではない仕上げになるだろう。また平面計画も、小屋をプラグインすることのみならず、生活の多様性に対応して間仕切りの配置を変えるなどの工夫とも共存できるはずであると考える。今後も引き続き考えていきたいテーマである。

（前田茂樹）

佳作 4

連綿と紡がれる接ぎ壁とそのふるまい

野口翔太　　川去健翔
浅野樹
室蘭工業大学

CONCEPT

空室となった住戸を解体しつつ、コンクリートブロック壁を接ぎ木していくように再生し、新たな暮らしの機能を計画していく。新しい機能を挿入する過程で解体した、既存の間取りをなぞったコンクリートブロック壁は【空の器】となって外部へ開け放たれ、団地の住人や街の人の生活が根付く。【空の器】が連なり、やがて新たな機能へと生まれ変わる。〈実体〉としての建築ストックとそれによって表出する〈現象〉としての空間ストックが織りなす風景を未来へと残す。

支部講評

第二次大戦後、北海道最大の課題の寒さを改善し、住宅事情を大きく変化させ、急速に普及したのが、防寒住宅と呼ばれるコンクリートブロック住宅であった。敷地の北海道千歳市富丘団地は昭和40年代に完成したコンクリートブロック造簡易耐火平屋住宅団地である。現在は、一部を政策空家として解体を控えている。本提案は、空室となった住戸解体後に出現する外部空間を「空の器」と呼び、地域住民に開放する。また、構造壁を外断熱補強する「接ぎ壁」施工で得られる良好な温熱環境の住戸を再生する。いわば実体の内部空間と外部化された空地が、反転しながら連続して出現する。未来への団地風景、解体とリノベーションによる持続可能性を評価した。

（山之内裕一）

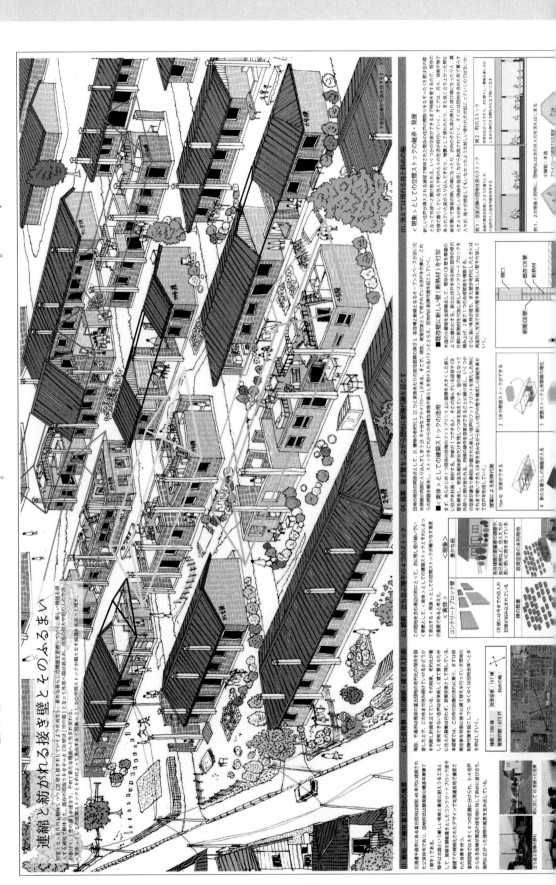

全国講評

戦後の一時期、全国に建設された簡易耐火造平屋建、略して「簡平（カンピラ）」によって構成される公営団地の政策空家を、時間をかけて一戸ずつリノベしていき、条件が整った段階で屋根も含めた大改修を施していく、という提案である。政策空家とは意味深なネーミングではあるが、何のことはない、耐用年限が過ぎて空家になった公営住宅で、何らかの都合で取り壊しに至ってないものを、意味ありげに名づけたものである。その多くは、取り壊しを待っているだけのものであることが多く、他の団地の建て替えのための仮住居として使われる場合もあるが、改修をして蘇らせる対象となるものは、稀である。

本提案は、こうした政策空家の有り様に疑問を感じ、空家を少しずつバージョンアップしていき、団地全体の持続化を図るプロセスデザインを提唱している。住宅平面の多様性を確保することで、一世帯一住宅の呪縛から逃れ、多様な住まい方を実現していく一方で、その多様性が、積雪のために表情が薄くなりがちな外部空間を豊かにするという仕組みを提案している。さらに、北海道の既存住宅ストックで常にネックになる断熱性能確保については、改修の際に、既存コンクリートブロック壁の外に断熱材と新ブロックを付加することで対応している。

ただ、千歳市内のグリッド状に形成された整形街区に突如として現れた、斜めの並行配置団地という、ユニークな配置を活かした提案もあってよかった。

（大月敏雄）

佳作 10

生業団地
―循環する商店街による団地街の再生―

根本一希
勝部秋高
日本大学

CONCEPT

本提案では、団地の形式に、商業、住宅、公共空間、維持管理などといったさまざまな視点から手を加え、6次産業を賄う地域コミュニティを創出する。

団地の特徴として、画一的で個性が表出しにくいことがあげられる。この形式は現代の多様な生活様式のニーズに応えられておらず、改善が必要である。

また、団地と商店街が接続した形態である計画敷地はそれぞれの機能が乖離し、そのポテンシャルが活かしきれていない。そこで双方の機能を組み込むことで互いが関係をもち、画一的だった団地の地域形態に変化を促す。これらの操作によって、さまざまな業種の人々が連鎖的に関わり、フレキシブルな管理形態を実現することで、団地を産業のストックとして捉えられるのではないかと考えた。

支部講評

敷地に住居と店舗が存在する桐ヶ丘団地に大きな可能性を見出している。減築と住・商の機能交換をベースに新しい要素を挿入することで、画一的な空間からの脱却と職住近接を実現し、地域コミュニティと団地の永続性の向上を図る提案である。

住まい方・働き方・働く環境等の多肢化・多様化が加速することを考えると、プログラム次第でリアリティが高まり、魅力的なダンチへの変貌が期待できる。

（楠木賢一）

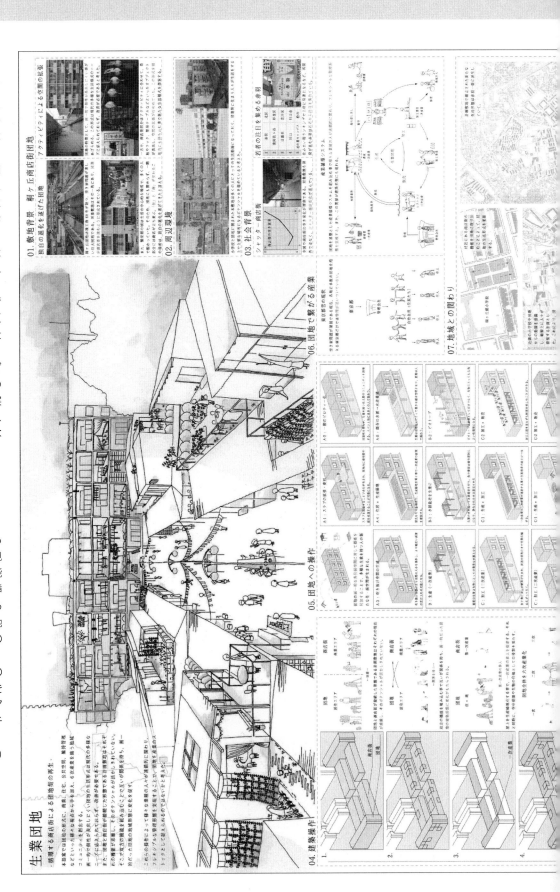

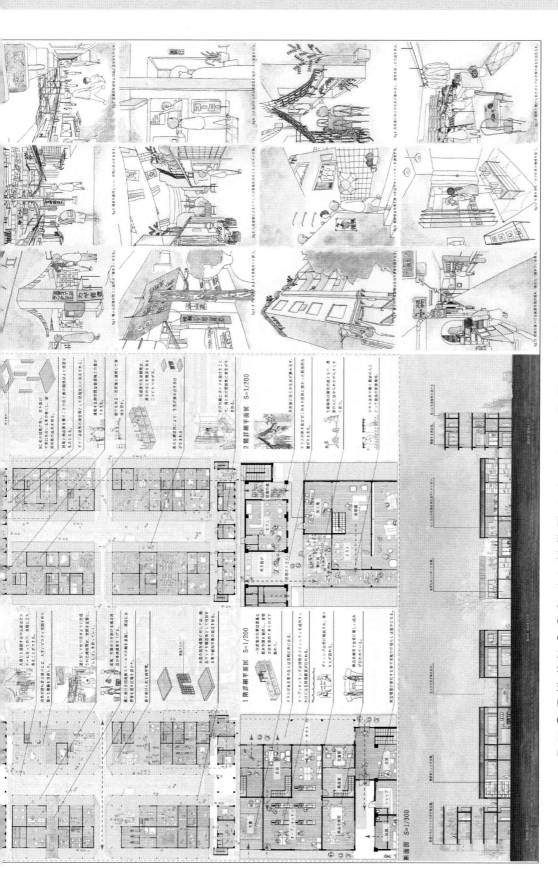

全国講評

東京都北区にある都営桐ヶ丘団地を対象とした再生計画提案である。当団地は、昭和30年代に建設された大規模な都営住宅団地で、建設当初は最先端の団地であったが、その後は社会情勢の変化を受けて当初の活気は減少し、現在再生計画が進んでいる。提案街区である商店街はシャッター街化しており、建て替え後は緑地になる計画があるという。本提案では、単に再生計画にある緑地化をするのではなく、商業施設街区の活性化につながる経済活動のベースとして農地を導入し、加工、販売につながるスペースや子育て施設などと住宅を一体的に計画することで地域の生活を活性化させる総合的な提案となっている。

生産から消費までを連続的にとらえて六次産業を起こし、新たに小さな経済圏を団地内に形成することは、団地を活性化するうえで興味深い提案である。都市部の団地でも進む商店街のシャッター街化に対して、産業の面から検討し、総合的複合的な経済活動を起こし、農地や交流施設など関連施設と住宅が一体となった新たな街区をつくろうとする空間的にも積極的な計画である。一次産業としての都市部での農業の詳細や実現性に対しての掘り下げた検討が期待されるが、商店街区の空間づくり、住宅と施設、農地の一体的提案、交流空間の活性化などが取り上げられ、団地活性化を施設再生の面からとらえ新たな経済活動「生業」の創造による活性化提案に至った視点は優れている。

（井関和朗）

佳作 23

私と小鳥と種子と
―団地の余白をプランターにする―

竹内宏輔　　久保元広
植木柚花　　児玉由衣

名古屋大学

CONCEPT

戦後の私たちの暮らしに必要不可欠だった「食」の機能を支えてきた種子法と「住」の機能を支えてきた団地。
しかし、建築・植物ともに社会の流れに従い、人の手によって改良され「オリジナルな種」が消えていくことが想定される。
そこで、郊外の雑多な自然環境を活かし、団地の余白をプランターとして活用することで建築と植物の「種」を保存し、ヒトのためだけではないダンチを提案する。

支部講評

この作品は、高蔵寺ニュータウンを敷地として、空き部屋の活用と敷地の特性を活かした生態系の「種」の保存を提案したものである。戦後復興のために大量の団地が建設され、約50年を迎えた団地は、住民の減少・高齢化が進み、団地の建築自体の問題も抱えている。その団地の再生手法として、人が住む場としてだけでの在り方ではなく、生物・植物との共存を目指し、団地を小さな一つの生態系とするもので、人と小鳥や植物との豊かな生活展開が描かれている。このような提案は、夢物語で終わることが多いなか、敷地周辺の生態系や生物の習性のリサーチによる増改築のシステムが提案されていた点などが評価された。また、雰囲気のあるパースなどシート表現を含め、トータル的な部分での評価が高かった提案である。

（橋本雅好）

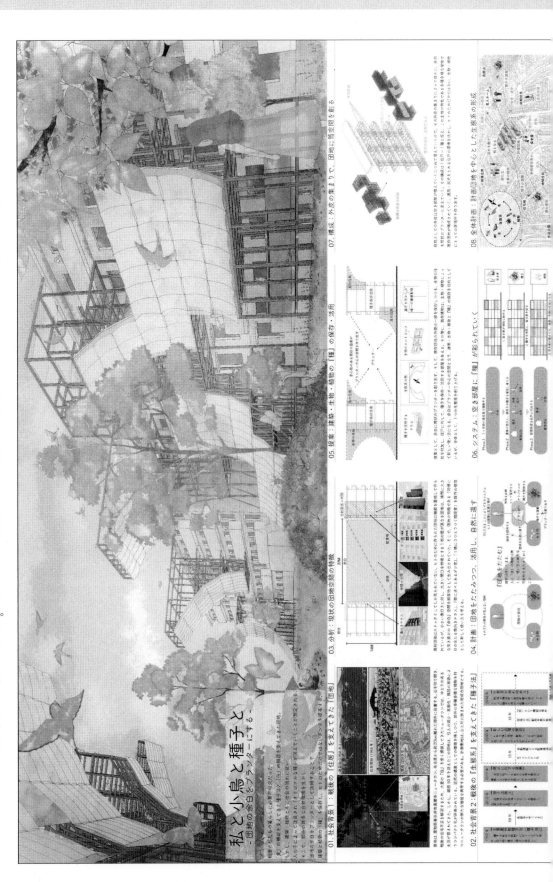

10. 平面図：生物の営巣範囲・既存樹木による配置計画

11. 詳細図：生物の住処となる住戸

12. 断面パース：生態系を発散させる「筒」

全国講評

人が次第に減っていく。そのあとに余白が生じる。その余白は、何も再び人で埋め戻さなくてもよいのではないか。人ではない他の生物種のために使うことができるのではないか。空隙の増えていくダンチを、海に沈められた人工の漁礁のように用いて、多様な生物種が共存できる生態系となる新しい里山を構想する。ポスト・ヒューマン時代を見据えた計画である。

もう一つの文脈は、戦後の生態系を支えてきた種子法が廃止され、種子メジャーとも呼ばれる私企業による種子の独占が懸念されていることだ。これによって、オリジナルのたくさんの種子が失われていく恐れがある。保護されることのなくなった種子の多様性を確保するためには、苗床となる空間が必要だ。そのための「プランター」が構想の中心となる空間になっている。プランターと言っても貧相な植木鉢ではない。ダンチの棟間空地を鳥と虫のための足場で包みこんだ大らかな筒状の空間である。マクロな都市スケールでは周囲の山と川を架橋するトンネルとなり、ミクロな足場のグリッドは多種多様な鳥や虫それぞれの活動のスケールに沿ったバリエーションが与えられている。新しいタイプの空間が発明されている。

多様な生物種とは言うものの、実際に選ばれている動物や植物を見ると、燕やタンポポや向日葵など、人にとって好ましい都合の良い生物を選んでいるようにも見え、結局人間中心なのではないかとの批判はありそう。どこまで突き放せるか。

（本江正茂）

佳作
タジマ
奨励賞
35

住工共住
まちのストックによる「暮らし」と「モノづくりの原風景」の再考

服部秀生　伊藤謙
市村達也　川尻幸希
愛知工業大学

CONCEPT

ダンチは時代の変化によるライフスタイルの多様化によって周辺の街から取り残されている。建て替えや取り壊しなど、かつての団地のように「住」のみのハコとして更新されることでライフスタイルの変化を受容できるだろうか。

そのような団地をまちのストックとして捉え、まちに消化させることで、住み方や働き方の再考、また現代の子どもたちにとっての「モノづくりの原風景」となるような住工共住の暮らしを提案する。

支部講評

「ものづくり」を通じて新しい「ダンチでの暮らし」をつくろうという提案である。計画地は「モノづくりのまち」東大阪。ダンチに工場を挿入するという単純なプログラムであるが、「専有工房」「共有工房」「食工房」の3つの工房を設定し、ここに住まう人・働く人、それぞれの人の行動や繋がり、そして事業スキームが緻密にシミュレーションされている。建築的な提案はあまりなく風景の変化は感じられないが、いきいきとした暮らしの風景をつくり出すことを予感させるとともに、これを絵にうまく表現できている。住工共住の暮らしにより、多様なライフスタイルに適応できるダンチへと生まれかわることで、まちのストックとして活用できる作品となっている。

（楠敦士）

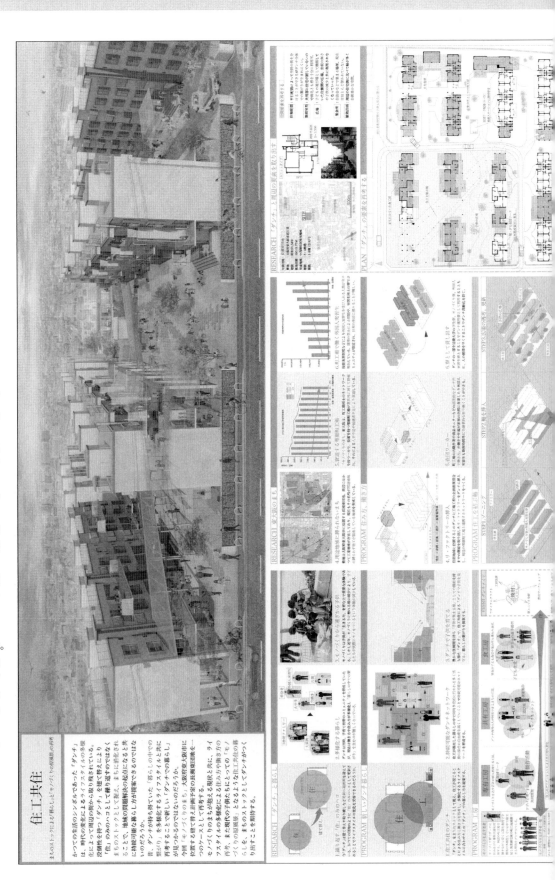

全国講評

東大阪市にある長瀬東団地を対象とした再生計画案である。当団地は1959、60年に建設され、大阪府住宅供給公社が管理する中層団地で、階段室が向かいあうNSペアで構成された初期の典型的な団地といえる。この計画では、周辺既成市街地にある町工場と団地の共生を目指し、現在では目にすることも少なくなった町工場の「モノづくりの原風景」を団地の中に取り込み、地域と一体となった再生・活性化を図ろうとしており、地域性をよく読み込み理解した提案である。

団地を斜めにつらぬく軸線が新たに設定され、新設されるピロティを通して団地と周辺のまちがつながり、スモールファクトリーとも呼ぶべき新たな工房や町工場が団地内に配置され、団地のみならず周辺の街にも新たな活気を与えようとしている。工房は「専有工房、共有工房、食工房」といったジャンルにわけられ、個人やグループでの開発研究や創造的な行為に取り組めることや、地域を結びつける要素として「食」を取り上げ、こども食堂や工房従事者、居住者への食事提供など食を通じたコミュニティ形成の提案がなされている。

あるエリアは、継続して居住する住民への配慮として、大きな環境変化のある改修は控えられ、現在の環境を残すなど現状を把握した穏やかな提案となっている。工場と住宅の共存は騒音や臭気の問題もあり、実施例は少なく困難なテーマであるが、産業構造の変化のなかで新たなモノづくりと暮らしを共生させ、団地と地域の活性化を図ろうとする手法は優れた提案といえる。

（井関和朗）

佳作
タジマ
奨励賞 **47**

住と漁業の再生
— ダンチを核とした暮らし縁によるインキョ慣行の再考 —

繁野雅哉　　板倉知也
石川竜暉　　若松幹丸
愛知工業大学

CONCEPT

長崎県壱岐島で発達し、今もなお行われている血縁で慣行する「隠居」から、暮らし縁という新しい生活形態の「インキョ」を提案する。

インキョでは血縁関係でない「個」で暮らす人々が生活を補い合いながら団地を核として暮らしを共にする。

ダンチがもつ「設計者の意図」、「空間構成」、「土地性」を読み込み、建築空間と街の循環に落とし込むことで、持続可能な漁業を再興し、生業を表出させ、勝本浦固有の暮らしを再考する。

支部講評

離島の漁村集落に建つ団地に着目することで、地域に開かれた魅力的な再生の提案を行っている。空間的には、漁港と団地の間の浜で朝市を開催する仕掛けも提案することで、異質な団地をそのアクティビティで集落に溶け込ませる工夫を行い、ライフスタイル的には、住戸の一部を海産物の加工・販売の場とすることで、生業と居住が一体化した漁村的な暮らしの場を団地内に生み出し、さらに歴史・文化的には、地元の伝統的な慣行である隠居を現代にアレンジして元漁師と移住者・母子家庭等が共に暮らす新しいインキョの形式を提案している。地域への敬意に満ちた好案である。

（柴田建）

全国講評

長崎県壱岐島の勝本浦にある市営赤滝団地の再生活用による地域活性化提案である。当地域は、かつて漁業を中心として栄え、これらの団地も建設されたが、その後漁業は衰退し、街も活気を失いつつある。本提案では、島の漁業従事者だけでなく、転勤で移り住む公務員などいろいろな職種の島の居住者の実態や、高齢になると隠居をするこの島での独特の生活スタイル等について丁寧な調査がなされている。本提案ではそれらの調査実績を踏まえて、海岸沿いにある公営住宅の改造を行い、島の活性化対策として古くから続く朝市の復活や浜の仕事場の再生、新たなインキョ居住の提案につなげている。

浜に近接する住棟前面に竹で組んだデッキを設け、住棟内の土間と連続し、浜の仕事の準備場や加工場となっている。一階は、朝市の舞台とするなど浜沿いの活性化した空間づくりを提案しているが、もう少し大胆な空間提案があればさらに活気づいた将来の浜の風景がイメージできたと思われる。また、独居高齢者の新しい居場所として、既存の間取り調査で得た実際の隠居屋から着想を得た改装がなされているが、こちらももう一歩進んだ改修提案であればより積極的な提案になったと思われる。日本全国に団地が多数建設されているが、漁業と直結するロケーションでの団地再生提案として優れており、丁寧な島の生活調査からも今後の島全体の地域活性化にも寄与できる可能性を含んだ提案といえる。

（井関和朗）

佳作 51

食寝再融合

原良輔　程志
荒木俊輔　山根僚太
宋萍

九州大学

CONCEPT

西山夘三が食寝分離論を唱えて70年、当時の生活にあわせた平面計画は、生活が大きく変化したにも関わらず、高度経済成長期以降も変わることはなかった。現在の多様なライフスタイルに対応するため、転用論を再考し、畳のフレキシブル性に着目した。団地の殺風景な共用部を畳の上足空間とすることで、都市機能を含めさまざまな用途を許容する共用部とし、かつての団地がもっていた共同体としての意識を育む場となる。

支部講評

団地の共用部を畳に変えることによって、昔の日本家屋のようなフレキシブルな使い方をするという提案である。共用部分に都市機能を挿入することはそれほど成功しているとは思わないが、RC躯体を減築して木造躯体を増築することで、全く違う個性をもつ部分の集合体に変えているところは極めて面白いアイデアである。圧倒的な外観は台湾の九份あるいは、千と千尋の温泉のような既視感がないわけではないが、ここまで換骨奪胎できているのは見事である。ただ、西山夘三の食寝分離論批判で行くならば、あくまでも同じ面積の狭い住空間として勝負すべきだと思うが、できあがった空間は、贅沢に共用部分が肥大した旅館的な集合住宅である。むしろ、そう言い切った方が本提案の魅力を表しているのではないかと思う。

（鵜飼哲矢）

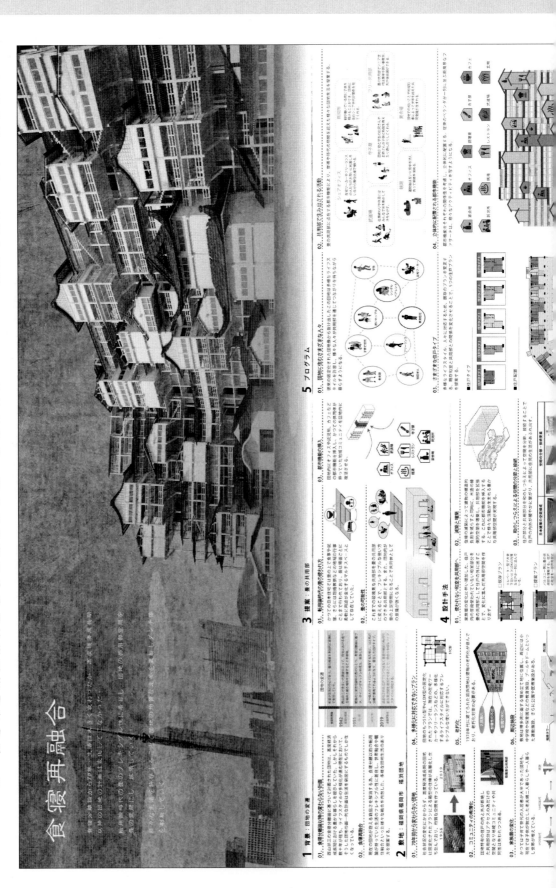

全国講評

団地の住戸の奥にある、主には寝室として使われているであろう畳の部屋。畳は敷かれているものの壁に囲まれ、和室と呼ぶにはなんだか窮屈だったこの部屋たちを、戸境壁をぶち抜いて伝統的な続き間として読み替えていく大胆な提案。日本の住宅プランニング史上の大きな転換点であった食寝分離の建築計画から、再び折り返して食寝再融合を図ろうというのである。

唐破風の大きな屋根が玄関である。ここで皆が下足を脱ぐ。ちょっと驚くけれど、考えてみれば大きな旅館もそうしている。下足でいいとなると内部空間を連続的流動的にしていく可能性は一気に高まる。躯体を減築して構造的な余裕を生み出したうえで、ファサード部分に木造の大規模な共用空間をセットし、上層階ではこれらの共用部分を介した南面リビングアクセスのプランに反転する。付加される機能は現代的なものなのだが、寺子屋や道場、銭湯といった伝統的な名と和風のしつらえが与えられる。いささか悪乗りのきらいもあるが、これらのファサードには内部のさまざまなパブリック・ファシリティーに応答する屋根の妻形が散りばめられて、なんとも賑やかで印象的な外観を構成する。かたや、裏側はまったく手も触れないというのも潔い。

エレベーションや内部のパースに浮世絵の点景が配置された空間の表現など、細部まで一貫したプレゼンテーションも大変印象的であった。

（本江正茂）

タジマ奨励賞 11

ダンチの仕舞いかた

山下耕生
宮嶋雛衣
早稲田大学

CONCEPT

もしも、人が離れることは避けられないことであり、いつかは誰しも何処しも終われる運命であるのなら、その先の建築がポジティブなものとなる可能性を信じたい。儚くも豊かに閉じゆくプロセスが、その先への希望も孕むことを願う。

本提案は、高齢者の居場所を1階部分に導き、上階の空室をハチに住まわせることで、棲家としての機能を仕舞いゆく。

棲家としての仕事を終えて、新たな姿へ舞いゆく、ダンチの仕舞いかたの提案である。

支部講評

団地が解体されず、ハチの住処等となりながら、自然に還っていく（海に沈んだ船が魚の住処に変わっていくような）仕舞いかたが、絵と色使いでポエティックに表現されている。花木の授粉を媒介するハチが、人と人の媒介も担うアイデアは、都会の屋上でも養蜂が行われている現在、人の手が適切に加わる仕組みや団地全体と低層部のプログラムをより深めていけば、実現性の向上も期待される。

（楠木賢一）

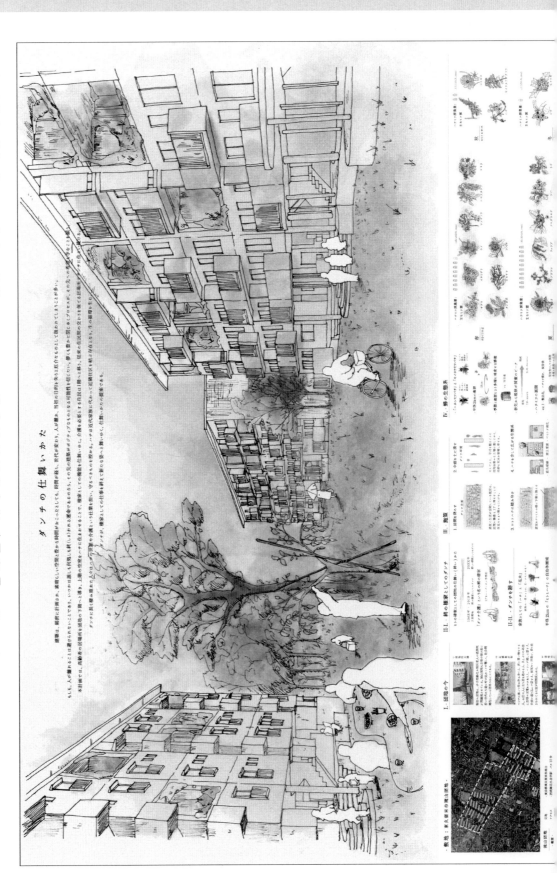

全国講評

建築物の終焉を自然への回帰のプロセスとして計画したいくつかの提案の一つである。老朽化して、また建設時のニーズを全うした団地を徐々に改変して自然に還していく過程を人の住まいから養蜂のハチ巣に変えていくことで表現した大胆で面白い提案である。自然に還す過程で、集合住宅に一次産業の要素を取り入れながら、存在意義を維持しつつ徐々に変化させていく。最終的には陸上の漁礁のような姿になるのかもしれない。

一方で、人が使い続けるためには住むための建築物としての基本的機能も維持しなければならない。本提案では居住者を低層階に転居させて、上層階の外壁を抜いて養蜂の場に明け渡すとともに、1階も大きく外壁を抜いて概ねピロティ化する案になっている。建物の構造的安定性は勿論のこと、防水等への配慮が不可欠である。上層階、下層階の外壁を抜く案の合理性やその結果生じるであろう不都合にどう対処するか、この面白く大胆な提案とともに、本提案者のアイデアが示されるとよかった。また、ミツバチという生物は老木の洞などに営巣し、その出入口はミツバチが通過できればよいので大きな開口は恐らく必要ない。提案に関連する要素の調査とデザインおよびエンジニアリング的なソリューションにリアリティがあれば、一層面白い提案になったと思われる。

（小林光）

タジマ奨励賞 14

都市の涵養
－雨水濾過による団地の再興－

大石展洋　　中村美月
小山田駿志　　渡邉康介

日本大学

CONCEPT

日本には水が足りない。雨は降るが、短期間に集中して降り注ぐため貯蓄が難しい。加えてコンクリートに覆われた都市部には雨水の逃げ場がなく、溢れた水が都市型水害を引き起こす。
各地に点在する団地に着目し、都市における雨水の受け皿として再編する。濾過装置により雨水を浄化し、貯蓄できるシステムを構築する。濾過された水は人々を繋ぐ。雨水を排除するのではなく、団地を通して人々や植物を潤す資源に変える。

支部講評

「日本は水が足りない」のではなく「水のストックとフローの不均衡」が存在し、その視座からの提案である。住居と水槽の隣接配置は荷重、防水、湿気等の対応とその費用面を考えると実現性は相当難しい。しかし、例えば人が住まわなくなった一棟を補強して貯水槽・濾過水槽にすることや、新たにつくる施設の一角に組み込むのであれば実現できそうなアイデアに加えて、プレゼンテーションは秀逸である。

（楠木賢一）

全国講評

一人当たり公園面積や緑被率が低く、近年多発している都市型水害への対応が急務な都内の大規模団地を対象とした提案である。

周辺に比べて開発密度が低く、緑地が多い利点に着目し、屋上や空き部屋を利用して貯水槽・雨水調整槽や再生水製造・貯水施設を設け、敷地全体を都市防災の拠点としている。また、空室部分を利用し、図書館、自治体会議室およびビオトープ等を設けて水をキーワードにコミュニティを形成しようとしている。対象団地の問題点を丁寧に把握し、テーマ設定も適切であり、プログラムも妥当性があり、全国のダンチが、本提案のように緑化、ビオトープ化され都市のオアシスとなることにつながる優れた提案である。

ただし、都市防災拠点と住居の混在のさせ方は難しさを伴い、住居部分の快適性の担保はやや問題がある。また、貯水槽・雨水調整槽等を建物内に収容する際には、躯体を含めた大規模改修が必要で、コストを含めた実現性に課題がある。なお、ビオトープを望む隣棟間をつなぐ不整形なデッキは人々の憩いの場となり、賑わいある豊かな空間である反面、既存住棟の均質な外観がそのまま残る点は工夫がほしい。

（平山文則）

タジマ奨励賞 17

切って、繋いで、賑わって
~わけることで新しく育つ団地~

伊藤拓海
古田宏大
横山喜久

日本大学

CONCEPT

子どもたちの笑い声、お母さんたちの世間話が棟と棟の間の空地空間を賑やかにしていた。しかし、今日における空地空間は、広大であるが故に、その空間の用途があやふやになり、放置されてしまっている。人工的に配置された住宅群を棟ごとに区切ることで、人々を再びつなげることはできないか。これは、隆起した土着的建築物のもとで人々はつながり、マチを介入させることで団地内の流動性を高める、団地の新しいあり方の提案である。

支部講評

千葉県千葉市の真砂一丁目団地にランドスケープで介入する提案。建物周辺の地面を、めくり上げるように造形して各棟を分離、島状に独立した建物群は舟のように浮かび揺れているように見える。隆起高さで日影を避けるという形状の根拠や土による版築の構法、内外部に生じる勾配とアクティビティの関係など、かなり怪しい部分もあるのだが、区切ることで人は繋がるというメッセージは示唆的だし、本質的に分断する道具とも言える団地の性質にかなっているのかもしれない。ゲーテッドコミュニティの醸成も良いが、一棟まるごと所有して住んでいたり、企業の社屋やホテルなどへの利用を想像すると団地がラグジュアリーに見えてきて面白い。

（馬場兼伸）

全国講評

団地自体が閉鎖的であるという印象をもっている若者が多いなか、あえて一団地ごとのコモンスペースを設けることで、関係性をつくろうという発想は他にないものであった。その発想自体は独特だが、どのような活動がこの場所に必要かの検討があまりなされずに、形態をつくっているようにも見える。また3次元にカーブしたコンクリートシェルの、内側にはフラットな場所と傾斜したカーブの箇所があり、外側には傾斜した庇のような場が生まれるが、その使い方の描写に具体性が見えにくいことが残念であった。日照や既存樹木との関係についても言及してほしかった。また、整然とした団地配置が多い他の団地への汎用性を考える際には、より閉鎖的な環境をつくってしまうのではないかという懸念はぬぐえなかった。プレゼンテーションとしては、コンクリートのシェルが強い表現になること、寒色系のパースが、タイトルにある「賑わって」という改修後の暮らしのイメージをすることが難しかったので、今後のプレゼンテーションの際には留意していただければと思う。

（前田茂樹）

タジマ奨励賞 26

踊り場と暮らす

宮本一平　森祐人
岡田和浩　和田保裕
水谷匠磨

名城大学

CONCEPT

中層階段室型団地は昭和40年代頃に多く建てられた団地の形式であり、標準設計の用いられたこの住居形式では、長寿社会やライフスタイルの多様化に対応できず、閉鎖的な住環境が多く生み出され、社会のストックになっている。この問題を解決するため、階段室型団地の踊り場と住戸の関係に着目し、踊り場を南北二方向に拡張した。それにより生まれる空間と住戸のあふれ出しにより新たな団地の姿を模索した。

支部講評

1971年、正に高度成長期に建てられた団地のプロットタイプであり、豊かさを追い求めた現代の生活様式にはあわせることができずに捨て去られてしまった典型的な団地である。
現代の生活にはあわなくなった欠点部分を抽出し、丁寧に長所へと変換させていくプログラムは緻密な計画に裏付けられ、住民の皆が交流できる魅力的な空間へと変貌した。
中層の団地が捨てられていった大きな原因は各住居に直接アプローチするための共用階段導線にある。その階段の踊り場という機能だけのスペースを住民のコミュニケーションの場に変貌させることで、孤立してしまった住民間の交流を復活させ、足りなかった団地生活に豊かな潤いを蘇らせることに成功した。

（安井秀夫）

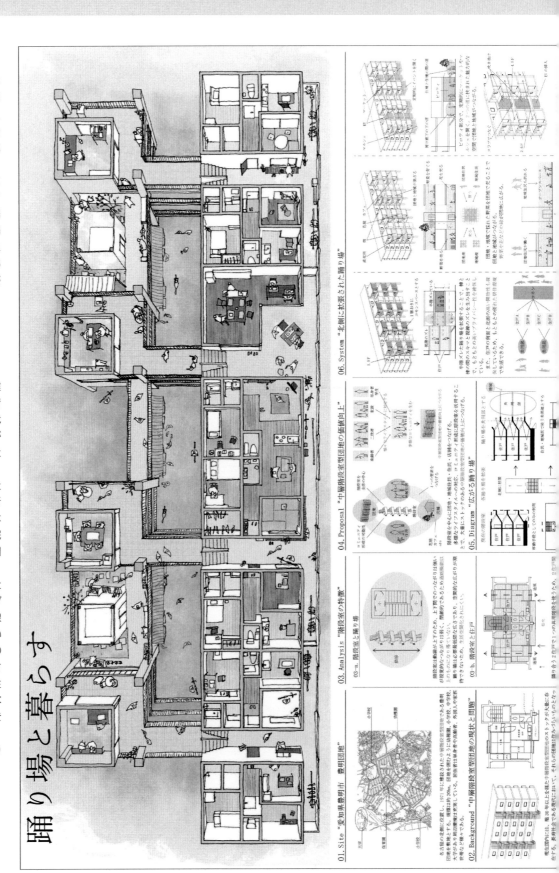

全 国 講 評

団地の問題を、ライフスタイル
の多様性への対応とバリアフ
リー対応であるとし、階段室を
拡張する場所をコミュニティの
場として再生させる提案は評価
できる。またプライベート領域
を、パブリックな領域に開くこ
とで、多様性を許容する住まい
方の想像もできる。しかし、改
修後の団地全体のイメージにつ
いての描写が少ないことにより、
この改修が行われた後の敷地全
体、もしくは敷地の外までどの
ような効果を及ぼすのかについ
てもイメージを提示してほし
かった。また、隣棟間隔の減少
による視線の問題、低層部の日
照時間減少の解決策に言及でき
ていないのは残念である。また、
エレベーターを設けることは、
当然バリアフリー対応であると
思うが、階段の踊り場のような
スキップフロアとしていること
で、その目的には対応できてい
ないことも指摘されていた。

（前田茂樹）

08. Floor plan "新たに始まる生活"

09. Cross section "整えられた住環境"

10. Perspective view "団地で生まれる様々なシーン"

タジマ奨励賞 28

マチと生きてゆくダンチ
～地域資源循環による持続的生活風景の再考～

皆戸中秀典　桒原崚
大竹浩夢　小出里咲

愛知工業大学

CONCEPT

震災は原発保有地域の福井県敦賀市にも大きな打撃をもたらした。電源立地交付金の減額による物質的（金銭的）豊かさの衰退は、人口減少に加え個々の繋がりといった人為的な豊かさをも衰退させる。これは地域そのものの衰退といえる。空き家の増加で住機能が破綻した団地を地域社会のストックと捉え、地域資源を守るための拠点として活用する。この循環は、個々の繋がりを強め、物質的豊かさに頼らない持続可能な地域社会風景を描く。

支部講評

「マチと生きてゆくダンチ」は、福井県敦賀市の松原と水路がある団地を対象とし、「ダン産地消」をテーマに、松原、水路、生活資源、人的資源の4要素の活用からダンチを再構築しようとした提案である。各要素の丁寧なリサーチから生活・生産との関係を読み解き、松の維持管理と関連付けた地域循環システムは、卓越した提案である。循環システム内の生活・生産で起こる高齢者と若者との共生、団地と周辺地域との関わりは、新たなダンチの環境を期待させる。少子高齢化によって空室・空家の増加する団地の課題に対して、住む場としての団地からマチとしてのダンチへの再生手法を提示する秀逸な作品である。

（棒田恵）

全国講評

2011年3月以降、原発稼働再開の賛否が乱れ飛ぶなか、今なお多くの原発が稼働に向けて「申請中」の状況にある。稼働していなければ実入りも交付金も減り、原発頼みの地域経済は一挙にしぼむ。原発銀座とも言われる福井県の敦賀湾沿いに林立する原発群を構成する敦賀市で、ますます居住者が減り、空き家が増加している市営住宅に、本提案者は注目した。この市営住宅は、気比神宮の神苑であった気比松原に隣接して建てられた。その後、松原の白砂青松を維持することは、団地を含む地域住民の生活の一部ともなっていったが、現在は年間200〜300本の松が松食い虫の被害にあって枯れ続けているという。かつては隆盛を誇った原発の町、そして白砂青松を誇った気比の松原。この、隣接する両者が今、脱原発と松食い虫によって衰退を迎えつつある。ここに着目した本提案者は、すでに募集停止した空き住棟をリノベし、松材を多様に加工して循環的に地域再生の一環に組み込む工場を提案している。松材だけではなく、豊かな水資源、団地住民という人的資源、地域から出てくるゴミや廃棄物等のリサイクル資源を加工し、木炭、腐葉土、リサイクル用品、そして廃熱利用の銭湯も地域住民に還元していく提案である。

詳細な実態調査による知見に基づいた、大変緻密な提案として評価できるが、今後、それぞれの資源の数量等の計算が加えられると、より現実味を帯びた提案となるだろう。

（大月敏雄）

タジマ奨励賞 53

境界が境界をのみ込むように

三浦萌子　藤田真衣　玉木蒼乃
熊本大学

CONCEPT

団地と復興住宅は、コミュニティ形成が難しいという点で重なる部分がある。
熊本地震で家を失った人たちは復興住宅に移り住む際に、家と同時にコミュニティを失うことになった。私たちは熊本地震で災害時におけるコミュニティの大切さを身をもって知った。そこで、団地と復興住宅の二つを融合させることで問題を同時に解決しようと考えた。団地の住民と復興住宅の住民が混じり合うことによる新たなコミュニティのあり方を提案する。

支部講評

本提案者が熊本地震の際にコミュニティの大切さを身をもって実感したことをきっかけとした、既存の県営団地と震災後の復興住宅を融合する提案である。団地の住棟のスキマに新規の復興住宅を充填していくが、その際に壁をつなぐもの"として穴を開け、さらに階段室や路地で多様なコミュニケーションの場を生み出している。しかし、そのような空間のみでは，両者をつなぐコミュニティは生まれ得ない。長年花を育てながら丁寧に暮らしてきた公営住宅の高齢者たちと、震災後に避難所・仮設住宅での助け合いを経てようやく復興住宅へ入居する被災者たちの、それぞれの暮らしの力を丁寧に読み取り、Win-Winな関係となるような提案が求められる。

（柴田建）

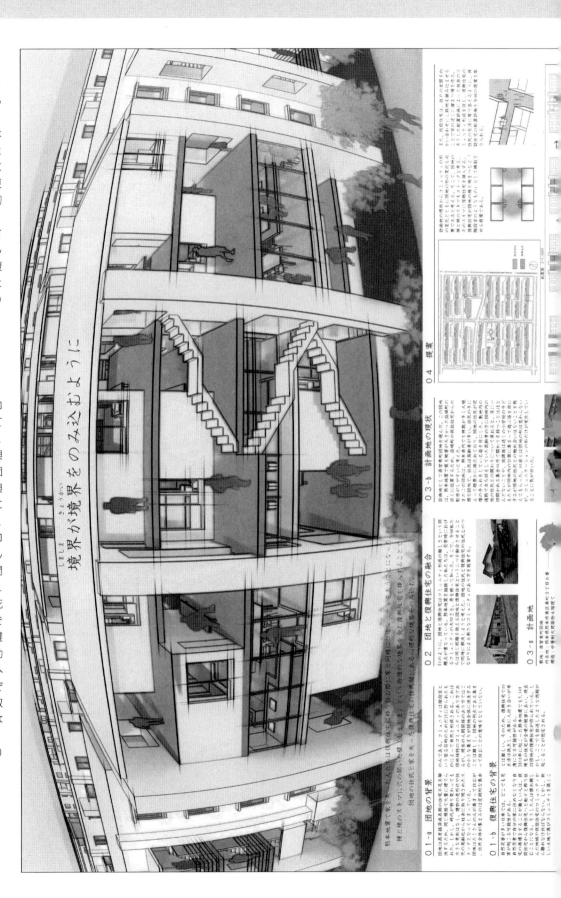

全国講評

本作品は、今日の団地における
コミュニティ形成の難しさと、復興
住宅における同種の問題を同
時に解決することを意図したもの
で、熊本地震の経験を踏まえた
具体的で真摯な提案である。既
存団地の棟と棟の隙間、すなわ
ち境界を繋ぎ合わせるように復興
住宅を挿入し、新設した復興
住宅部分に団地と共用のオープ
ンな動線やコミュニケーションを
目的とした空間を設けることで、
団地の居住者と新たに入居する
被災者、団地の住民同士、被災
者同士の偶発的あるいは計画的
なコミュニケーションを誘発する
装置とするものである。

被災と転居に伴うコミュニティの
喪失を、復興住宅を既存団地に
組み入れることで補完し、また、
団地側にとっても復興住宅の付
加によって新たなコミュニティ形
成の機会を創出して、相互に良
好な住環境を実現しようとする建
築的ソリューションを目指してい
る。派手さはないが、問題に対
する丁寧な態度に好感のもてる、
夢物語ではないリアリティのある
作品である。一方で、受け入れ
る既存団地側のコミュニティ形成
のための提案が少なく感じられ
る。本課題は"団地の再考"を
テーマにしている。復興住宅の
挿入がそのまま団地への働きか
けとなるものの、団地側のコ
ミュニティ形成に対するより積極
的な提案があれば、さらに魅力
的な計画になったのではないだ
ろうか。

（小林光）

| タジマ奨励賞 | 57 |

婚活小笹
～To be continued～

小島宙
Batzorig Sainbileg
安元春香

豊橋技術科学大学

CONCEPT

「婚活者」とは結婚を望み、人との出会いを探し求める人々である。

近年、よく耳にする言葉だが、実際に成功している人は10%に満たない。

そこで、多くの人を収容する目的で建設された団地に婚活者を集めることで、多くの人と「出会う団地」が生まれる。

また、協同で農業に参画することで、「相手を知り、真に出会う」。婚活者が「農業」によって人との出会いを広げていく「団地」を提案する。

支部講評

スターハウス団地と呼ばれる個性的な形をした小笹団地を、「婚活」を目的にした男女を住まわせ、「農業」という共同作業を介してコミュニティーを形成するという本提案は、現在行政でよく言われる「子育て支援」の先をゆく視点で面白い。リーダーと呼ばれる離農者（リーダーというより世話焼きおじさんやお節介おばさん）も一緒に住まわせることや結婚後の定住まで考えれば、多世代のコミュニティの形成も可能だろう。漫画的な表現も物語性があり目を引いた。耐震補強の考え方も明確に示されている点は評価できる。敷地がもつ高低差を活かしつつ温室を兼ねた農地は、費用対効果を考えると過剰な気もするが、棚田のような風景を再現できれば楽しそうである。

（小林省三）

44

全国講評

福岡市の公社小笹団地での改修提案である。小笹団地は1956年に建設され、スターハウスと呼ばれる3戸1の住棟など初期の住宅で構成された丘陵地にある団地で現在再生計画が進行中である。本計画では、既存の10棟あるスターハウス住棟を活用して、男女のシェハウス型居住棟として改修し、「婚活」・コミュニティ活動を行っていくという提案である。住棟は男女別の居住部分と共用部に分かれたシェアハウスとして構成されている。各スターハウスは温室等の共用施設で連結され、居住者は農業を共通の行為とした共同生活を行うことによりシェアハウス内での親密性を深め、結果的に婚活につながることを期待している。農業指導は地元の農業経験者が行い、生産物は団地内のマルシェを介して地域に販売されるなど地域との関連も重視した活性化計画となっている。

本提案は、婚活という新しい社会課題と団地再生を結び付けた着想が特徴的である。小笹団地はスターハウス、連結型のダブルスターハウスなど初期の集合住宅が丘陵地に建つ典型的な昭和30年代の団地で、その風景を何らかの形で継承し、将来とも活用し続けることは街のアイデンティティの継承につながる。スターハウス改造のシェアハウスでの婚活提案は突飛ではあるが、地域との連携のもと古くからある空間を活かし、コミュニティ活動を通じて生まれ変わる団地再生の一つの姿といえる。

（井関和朗）

タジマ奨励賞 59

DanCh!ldren
～団地を再び子供達の遊び場に～

山本航
岩田冴
熊本大学

CONCEPT

団地の下層部分に子どもたちの基本的な遊びの動作を基にしたアクティビティを生む空間を提案する。既存の壁や床は極力残し、そこに新たな床を設け、小さな空間をつくることで、子どものヒューマンスケールを生み出す。住戸割にあわせて高さや距離の操作を新たな床で行い、それぞれの場所で異なるアクティビティをテーマにした"あそび"を誘発させる。屋外の新たなスロープは団地の遊び場に回遊性をもたらしている。

支部講評

住居部分の提案というよりは、団地建物構成として1層目と2層目を完全に子どもたちの遊び場にしてしまうという提案である。単純なアイデアではあるが、遊び場やスロープなどのデザインで小さな工夫や配慮があって、単調になりがちな場所を多様な空間として魅力的に見せている。大胆さと設計力を感じる点が評価され、入選に至った。子どもたちにこのような半屋外的な空き地のような遊び場が提供されたら面白いが、実際には、管理運営などの点でなかなかうまくいかないかもしれない。全体的なドローイングの基調が重苦しく陰鬱な感じに見せているのは、あえてなのかもしれないが、全く逆の明るい表現も試したらいいと思う。

（鵜飼哲矢）

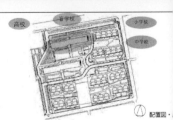

2階平面図 (S=1/300)

原存平面図 (S=1/100)

1階平面図 (S=1/300)

○設計趣旨
団地の下層部分に子供達の基本的な遊びの動作を基にしたアクティビティを生む空間を提案する。既存の壁や床は極力残し、そこに新たな床を設け小さな空間をつくることで〔子供の〕ヒューマンスケールを生みだす。住戸割に合わせて高さや距離の操作を新たな床で行い、それぞれの場所で異なるアクティビティをテーマにした"遊び"を誘発させる。
屋外の新たなスロープは勾配を通常よりも大きくすることで、滑り台にもなる。また、このスロープは3階の部屋への動線にもなっており、団地の遊び場に回遊性をもたらしている。

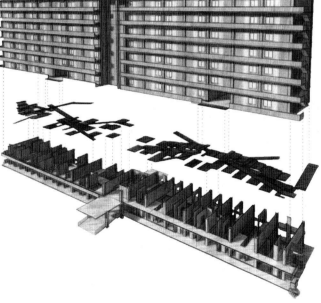

アイソメ図 (S=1/200)

全国講評

自然に恵まれた緑豊かなダンチ。子どももたくさん住んでいる。広場や公園も随所にあって、さぞ遊ぶのも楽しかろう……と思いきや、近隣からはやかましいだの危ないだのと苦情があって、公園に禁止事項が列挙されたりしているのが、ダンチの現実。子どもたちが自分たちで遊び方を考えながら、のびのびと思い切り走り回るようなことはできていない。そしてダンチの活気は失われる。自ら首を絞めている。

人が減って生まれた余白を、子どもたちが嬌声をあげながら走り回るために使う。寝転んだり、ぶら下がったり、這い回ったりするために使う。そして大人たちは成長を見守る。そうやってダンチの活気を取り戻す。そういう構想である。

RCラーメンの中層棟。一階二階の建具や内装をバラし躯体だけに戻して、風の吹き抜ける空間を作り出す。そのポーラスな空間のそこかしこに木質の床をたくさん挿入して、子どもたちのスケールの小さな空間に分節していく。あえて作り込まないことで、子どもたちが遊びかたを創造していく余地を整えておく。

やることはそれだけ。とてもシンプルだ。けれどそれだけで、あてがいぶちの無難な遊び場ではない、冒険に満ちた場所になることは想像に難くない。三階から上に手をつけず現状のままにしたことも、対比をクリアに見せることに貢献している。「ダンチルドレン」を信頼し、空間を任せることで、未来を作り出す提案である。

（本江正茂）

支 部 入 選 作 品 ・ 講 評

支部入選 1

剥離するダンチ

山﨑巧　　田村幹　　宮嶋麻衣
高橋基　　三浦貴久　森田俊哉
室蘭工業大学

CONCEPT

これまでのダンチは人口減少にのまれ、役目を終えつつある。小樽市郊外に位置する塩谷団地は新規住民の募集を終え、解体を待っている。
これからのダンチでは余剰な住戸は増加の一途を辿る。解体を待つだけではなく、人々に開放され使われながら消えることで住民の記憶にダンチが刻み込まれる。
減少する住民に比例し開放される住戸は増え、奥に抜ける景色がダンチの衰退を表すとともに残った枠組みがそこにあったダンチを顕在化させる。

支部講評

壁や床を一つひとつ剥離し、そこにあった意味を引き剥がしながら、団地に新たな機能を見つけようとしている作品である。これからの社会に対するあきらめと期待が入り混じる、どこかペシミスティックな空気を感じる作品である。広い隣棟間隔や隣接する公園や墓地との関係、これらの信頼できるコンテクストへの応答があればさらに良い作品になったと思う。消えゆくことを良しとし、そこに美しさを見出しているのなら、最終的にこの団地の意味がどのように剥離され、どのように新たな意味が付与されるのか、またはされないのか、そしてこの場所にどのように溶けていくのかを最後まで描いてほしかった。

（久野浩志）

支部入選 2

溢れ出す水廻り

長谷川怜史

北海道大学

CONCEPT

水廻りからダンチを再考する。
人口増大期に大量供給されたダンチは、生活に合理的な平面形状をもち、ファサードは表情のないデザインが施されている。コミュニティが希薄化した現代、隣人の顔さえも知らないことも珍しくない。
人の生活に不可欠である水廻り空間を、少しでも他者に分け与えるとダンチはどのように変化するだろうか。水廻りを建築の表に配置することで、ダンチは人々の活動で彩られ新たなコミュニティの場所となる。

支部講評

水廻りからダンチを再考しようとする提案である。かつて公衆浴場や井戸端が地域コミュニティの中心であったことを念頭に、団地内住戸に隠されていた「水廻り」をファサードに引き出し、ダンチ外の地域住民も共有できる「水廻り」としてアレンジすることで、そこにアクティビティを発生させ、ダンチに活気ある表情を取り戻そうとしている。プレゼンボードには新築のように整理された美しいファサードが表現されているが、対象となった既存ダンチがもつ歴史や、現役で使用されているが故に一筋縄ではいかない問題への建築的取り組みなど、思考の遍歴、格闘の痕跡をもう少し見せてほしかった。

（赤坂真一郎）

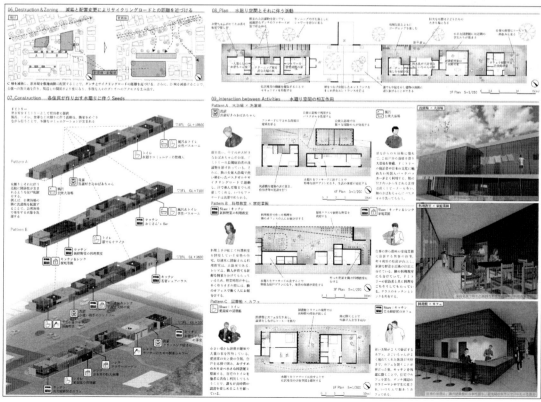

支部入選 3

Apoptosis

福山将斗
舘龍太朗
室蘭工業大学

CONCEPT

その背景の制度とは裏腹に、ダンチが作り出した周辺環境には豊かさがある。その豊かさをストックとして価値を見出し、さまざまな主体と環境のキョリをダンチの寿命を延ばしながら紡ぐ。制度により孤立したダンチが育んできた自然環境をきっかけに周囲や地域との関係の再編を描く。

支部講評

1960年代の人口増加に伴い、都市近郊の町ではその受け皿となるダンチの建設が進んだ。しかし60年たった日本の現状は少子高齢化社会を迎え、当時のダンチはデットストックとなりつつある。

この計画は今までの生活住居としてのものではなく、時代の変化に伴う空間の提案である。単なるベットタウンとしての住居の役割から徐々に別の暮らし方が入り込んでくる提案で、都市に依存して暮らしたい人、あるいはセカンドハウスとして、またはシェアハウスやカフェなどの生活を豊かにする提案も盛り込まれている。耐用年数が過ぎたダンチのフレームはやがて自然が入り込み面影を残しながら消えてゆく。本提案は、最後までダンチを延命させながら社会環境の変化に追従し、やがて自然回帰させるという美しいストーリーとなっていて心をひく秀作である。

（小西彦仁）

支部入選 5

養職都市
―海水インフラが繋ぐ団地とシャッター街―

加藤知紀
堀田翔平
信州大学

CONCEPT

かつての青森駅前は賑やかだった。朝は漁師、昼は出店と買い物客、夜は漁師が振る舞う料理屋。その中核が「夜店通り商店街」だった。しかし、漁師の減少やホタテ産業の衰退により、賑やかな雰囲気は影を潜めた。夜古通り商店街はシャッター街となってしまった。

ホタテ産業を再生することで夜古通りの復興を提案する。敷地周辺の団地を養殖棟に改築、夜古通り商店街を市場に再設計することで両者を繋ぎ、街全体を賑やかにする。

支部講評

青函連絡船が就航し活気に満ちた青森駅前はシャッター街となり衰退の途を辿る。本提案はかつて街の活気の中心「夜店通り商店街」と、入居者が減少する近隣団地を繋ぐことで衰退する街の再生をめざすものである。本提案で商店街と団地を繋ぐコネクターとしたのは青森の主要海産物ホタテ。団地をホタテ養殖施設とし、商店街の空き店舗は新たにホタテをテーマに人々が体験・交流し教育・研究を展開する複合施設に転用した。こうした機能を維持するため、豪雪地帯・青森駅前の道路融雪に使用する海水という既存インフラを発見し活用したこと、貝殻の再利用と新しい産業化スキームの提案、空間を魅力的にする減築・増築という建築的操作を丁寧に施している。青森固有の地域資源を発見し、そこに新しい文脈を付与した意欲的な提案として評価したい。

（馬渡龍）

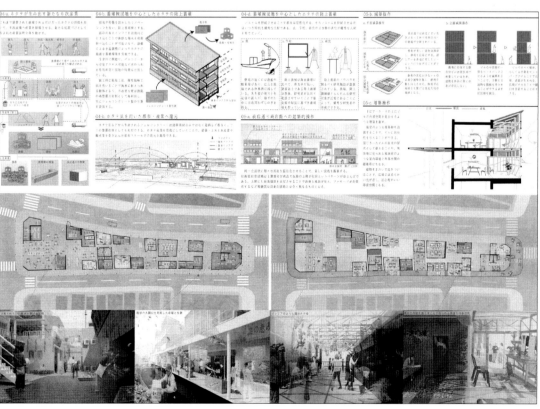

支部入選 6

屋根裏同盟

藤野純也
伊藤和輝

日本大学

CONCEPT

団地の再開発が行われている地域では、環境に対応しない団地が建てられ、住宅と周りの環境との境界がより一層強くなっていることが考えられる。少子高齢化による過疎化、空洞化で深刻な問題に直面する福島県福島市蓬莱地区を代表する「蓬莱団地」を都市スケールで周辺環境に対応させる計画を提案する。周辺環境へと対応した中間領域を団地に備えることで、住民の満足度向上に貢献できるのではないだろうか。

支部講評

戸建て住宅においてこの10年ほど続いているいわゆる「家形」ブームは、モダニズム建築への反逆でもあり、建築の外形と内部が確かにリンクすることを求める潮流でもある。ゆえに、もはや屋根の役割は、その外観から受ける印象をもって内部の有り様を酌み取れることが期待される。

本提案では、箱形の団地を2寸勾配でカットするという大胆なアプローチにより、均質だった内部空間がバラエティに富んだ空間へと変容している。そこに大屋根を掛けることで、居住者のライフスタイルのダイバーシティを受け止めるかのような新しい団地の姿となっており、この点を高く評価した。欲をいえば、低層階においても屋根の効果が現れると、楽しい空間になっただろう。

（小地沢将之）

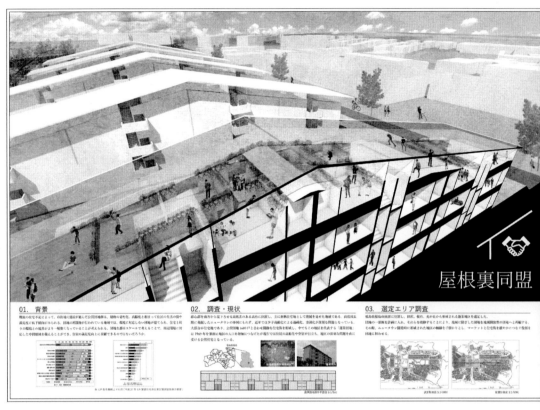

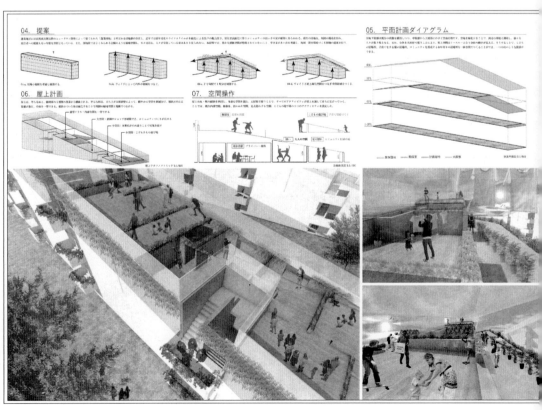

支部入選 7

色を吹き込む
「残す」を再考築「新しい」を再構築

志田健也
佐藤駿
東北工業大学

CONCEPT

現代の「ダンチ」の生じている計画の問題を解消し、住宅ストックとして持続させながら、「ダンチ」が秘めている価値を活かす、新しい社会ストックとして生まれ変わるための4つ「カエル」操作を提案する。その一例として対象とした「県営梶の杜住宅団地」での「緑×食」をテーマとした生まれ変わりを提案する。「ダンチ」を中の世界で完結するものから、外の世界とも干渉する、新しい何かを生み出す。

支部講評

対象は、仙台駅の北東約2kmにある車両基地に隣接し、北東へ向かう東北本線と北西へ枝分れする仙山線に挟まれた敷地に立つ、築38年の県営団地の内5棟（6〜12層、120戸）である。本提案では、生産人口60%超の地域性を鑑みて、団地を住宅＆社会ストックとみなし、敷地の南側を東西にはしる梅田川（土手）・鉄道・国道（45号）から陸橋（仙山線）への人・緑の流れを手掛かりに、敷地中央の中庭と北・西側の駐車場を反転させ、人や緑を敷地内へ引込む計画としている。また、空室を集約して地上階、屋上階および中層階（6階）のボリュームを取り除き、回遊性を有するデッキや階段室等で連結してプラットフォーム化し、空間全体の公私の濃淡がコントロールされている。なお、プラットフォームには、「杜」（緑＆食）が想される公園・広場・集会所・畑・養蜂場・味噌蔵等、公共性があり地域住民を誘導する機能が配される。

（小林仁）

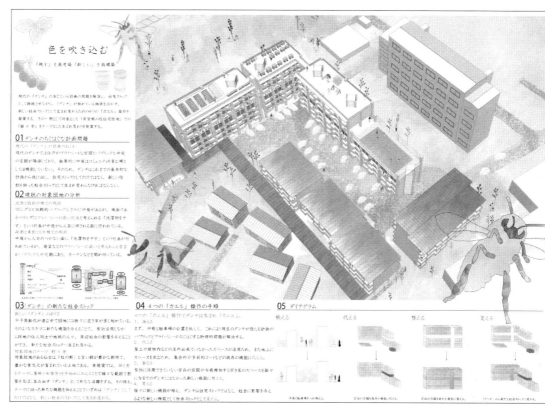

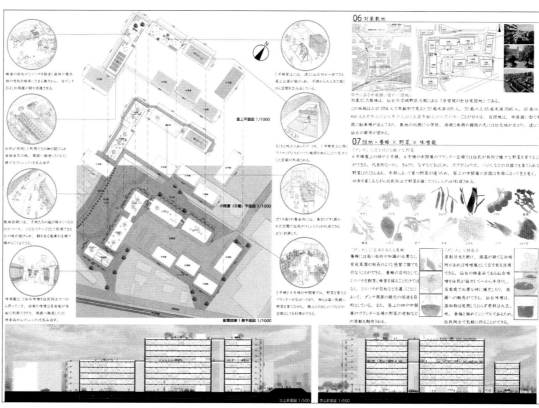

支部入選 8

団地圏
～「生活のシンボル」から「地域のシンボル」へ～

瀬戸研太郎　吉岡徹
小野寺伸　吉田鷹介
東北工業大学

CONCEPT

本提案では、ダンチ内の建物のボリュームや箱型住棟の平行配置、地域との関係性の希薄さを考え直し、建築ストックの有効活用と地域の交流拠点づくりを提案する。

建物に減築・用途変更などの変化を与えたことや敷地の特徴である段差を活かした提案などを行い、それにより新たに生まれる建築ストックとしてのダンチを地域住人の日常の動線を取り込むことで交流を生み、新たな地域の中心としての「ダンチ」をめざす。

支部講評

本計画は、団地の建物に減築や用途変更などの変化を与えながら、敷地の特徴を活かして、地域住民の日常の動線を取り込むなどの工夫を施すことによって、新たな交流を生み出し、地域における中心となることをめざす提案である。既存の団地では一般に、同じ形と大きさの建物が均等に並んだ単調な景観が特徴であるが、ここでは緩やかな曲線を描く不整形の土地における高低差を、アーケードやブリッジ、広場などで巧みにつなぐことによって、変化に富んだ居心地の良いヒューマンスケールの空間をつくることに成功している。課題点を挙げると、「地域のシンボル」となる中心性が、団地全体のなかではどのあたりになるのか（ダンチモニュメント、図書館、だんだん広場など）がわかりにくかったので、メリハリをつけてくれるとよかった。

（飛ヶ谷潤一郎）

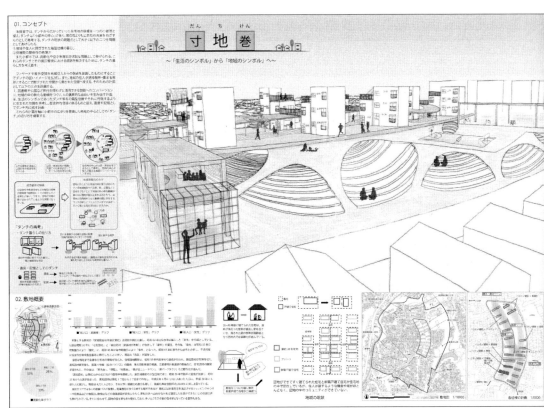

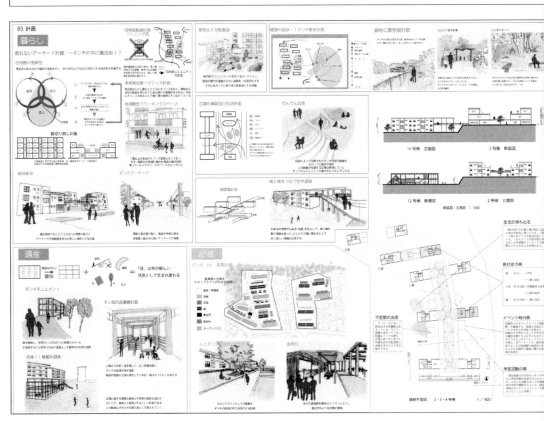

支部入選 9

蝶々結び
フェンスを解き、くらしを紡ぐ

佐藤稜太
千葉百華
成田佳織

東北工業大学

CONCEPT

団地同士を隔てるフェンスを解き、くらしを紡ぐ設計を提案する。
空き部屋の増加、テナント退去による店舗部分のシャッター街化、壁のように存在するフェンスなど、都市の中で起こるような問題が顕在化している対象敷地において、前述した問題要素を逆に団地のストックととらえ、再生・再活用する形で設計を行った。
かつての団地族への憧れが失われている今、幸町団地を憧れる団地へと変える。

支部講評

本提案は、3つの小学校区の境目に位置した管理主体（県営・市営・UR）の異なる4団地が、隣り合っているにもかかわらず、各々閉じられ、地域とのつながりを無くしている課題に対し、さまざまな外部環境をデザインすることで突破口を見出そうとしている。
審査の過程で、応募案の多くが住まいを地域に開こうとする試みを意欲的にアイデアにしていたが、「私」空間から一気に「みんな」が使うオープンスペースへと視点が移ってしまうことが気になっていた。本提案は、上層階の戸数を減らして豊かな専用庭を付帯させたり、住戸間に2世帯で共有する庭を差し込むなど、専用・共用空間の概念を少しずつずらしながら、住まい手の生活環境の改善を軸に、コミュニティ再生の手がかりをつくる姿勢に好感をもった。

（菅原麻衣子）

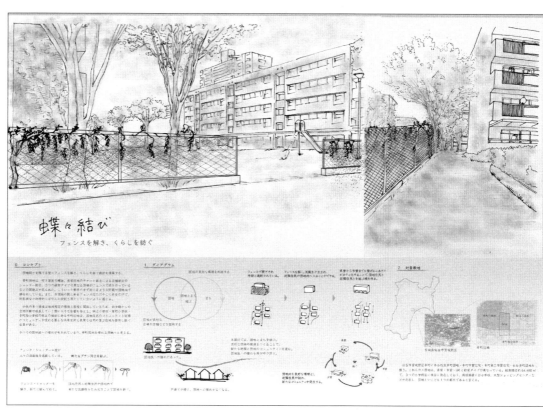

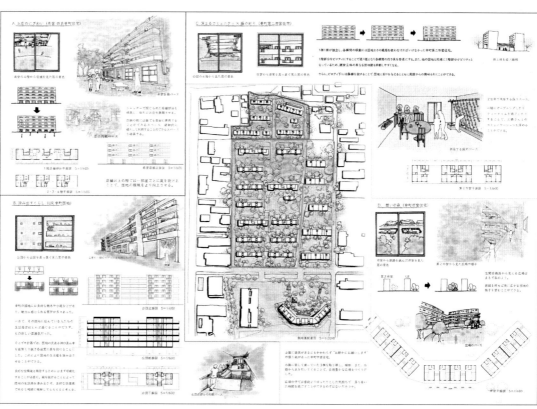

支部入選 13

ゴミュニケーションダンチ

南あさぎ
塚本沙理
東京理科大学

CONCEPT

ゴミ処理場を内包した団地を考える。現代の生活において、ゴミは生活している以上、誰もが毎日出している。そんなゴミが集まるゴミ処理場は、まちにおいて煙たがれる存在だ。

しかしゴミは大きなポテンシャルをもっている。ゴミ処理施設を内包することで、ダンチがそこだけで完結することがなくなる。周辺で出たゴミを集める代わりに、そのエネルギーでダンチが生活する。そうして周辺の都市とダンチが、互いに助け合う新たな関係性が生まれる。都市のインフラを内包すると、都市のなかでのダンチの存在感、存在理由も変わってくるのではないか。

支部講評

東京都町田市の高が坂団地を対象とした、ゴミの地域処理を契機に団地の再編を試みる提案。古くて新しい都市問題が、集まって住むことの意味を再考させるというストーリーは的確だが、設定が全く掘り下げられておらず普遍の描き直しの域を超えていない。ゴミとそうでないものの境界への眼差しには物理的にも社会的にも異なる世界が立ち上がる可能性があるだけに残念。普遍の体現だった団地が時を経て埋没し、新たな自然になっていると見立てたこの課題への本質的な回答とするには、普遍と個別の境界、あるいは両者が渾然一体となった全体を描かなければならないのではないか、そのことに気付かせてくれただけでも良案と言えるのかもしれない。

（馬場兼伸）

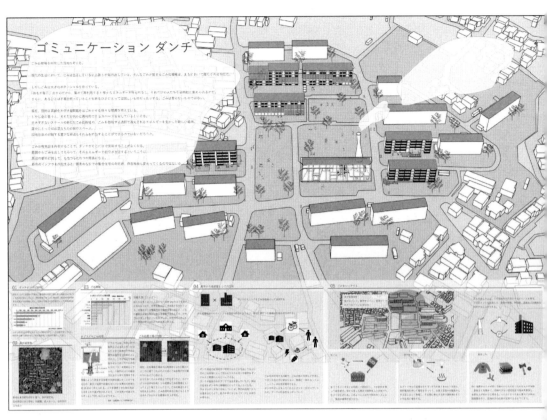

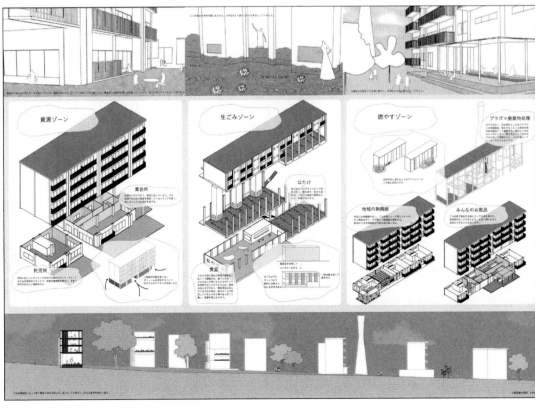

支部入選 15

自然と共生する建蓄群

田中大我　冨田深太朗
佐藤諒太　二宮彩
東京理科大学

CONCEPT

『ダンチ』として評価され得る団地の在り方として、計画当初に見られた田園郊外的な姿を思い描いた。

住機能に偏重する現在と異なり、住むための場所ではなく暮らすための場所が存在していたと考える。

外との関わりが希薄で、居住者の年齢層に街並みが左右されていく現状を踏まえ、周辺との交流を団地側から構築することが必要と考えた。

団地のもつストックから、新たな機能に地形とボリュームを活かした発電公園を提案する。

支部講評

人口増加の受け皿として、自然を破壊しながら広がっていった団地開発。しかし現在は、建物の老朽化や住人の高齢化による人口の減少と、時を経て成熟した団地内の野性的な自然という、開発当時の理念とは逆転した状況が生まれている。発電という手段によって、人間と自然の関係を再構築した本提案は、持続可能な生活像への探求と、団地周辺の地形的特性まで広がる広域的な視野を駆使し、これをしっかりまとめ上げている。そこでは、人工と自然のどちらかが他方を侵略するのではなく、せめぎ合いながらも共生している。ただ、本提案の中心ともいえるこのせめぎ合いに対して、より踏み込んだ空間的提案が見たかった。

（菅原大輔）

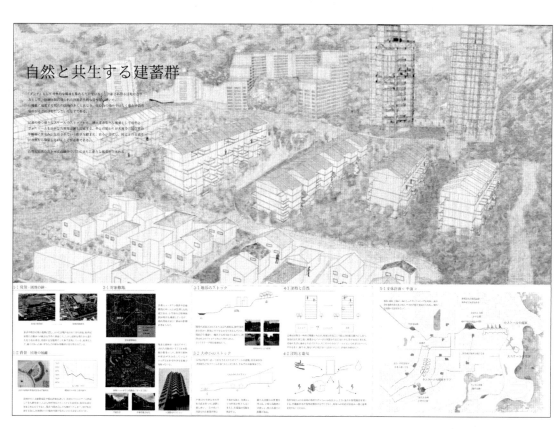

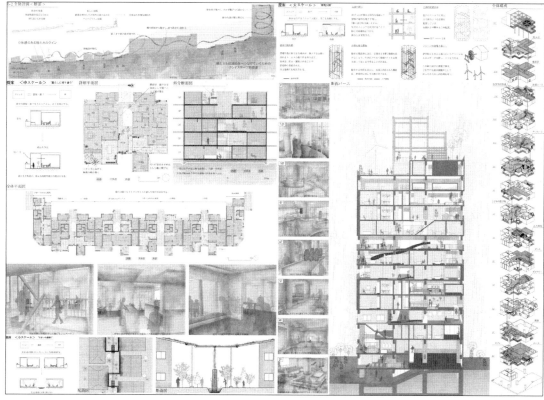

支部入選 16

無限成長ダンチ
―土地の更新から考える地域内移住―

建内香子
小玉真由子
東京理科大学

CONCEPT

平井は2つの川に囲われた水害危険地域で、その中に団地が点在している。

現在、東京都は高規格堤防の計画を行なっているが、住人の反対により計画は停止している。

+5mの高規格堤防化を行い、ダンチが、避難場所となり、土地の更新期間、地域内で移り暮らす拠点となることを考える。

土地の更新と、地域のダンチへの10年の仮暮らしをきっかけに、400年の時間をかけて地域とともに団地が成長してゆく、新しいダンチと地域の暮らしの提案。

支部講評

昨今の異常気象によって、大雨による水害などの脅威が日々増している。これに対応するため、生活が密集する都心部でも、強大な土木構築物が計画されてきた。このような都市防災の風景に対して、高規格堤防の土木スケールと、木造密集地域の細やかな身体スケールをつなぐものとして、その中間スケールのダンチを手掛かりにしたことは評価できる。ただ、本提案で巨大な共用空間となる避難プレートに対して、そこで営まれる具体的で豊かな生活像が描かれていたならば、さらに説得力が増しただろう。また、段階的成長には同意するが、空き家の公共化を含めた無限成長プロセスには、ノスタルジーを覚えてしまった。

（菅原大輔）

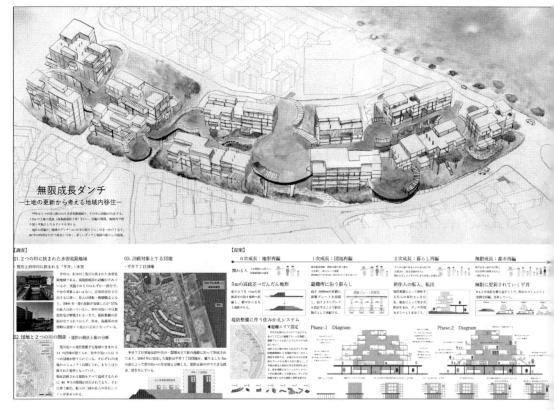

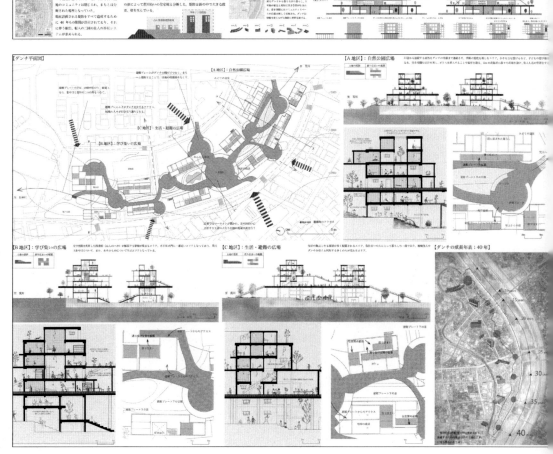

支部入選 19

土木に宿る生態系
—重なる大地の住まい方—

田島佑一朗　　恒川紘和
勝山滉太　　　谷中駿太
東京理科大学

CONCEPT

団地は大地から人を切り離した土木スケールなものだったのではないか。

団地という土木スケールの構造体に対して、土の構造体を挿入する。水、生き物などの自然界の言語を覆いかぶせることで生態系を構築する。消費に侵された表参道で大地に根ざした暮らしを目指す提案である。

子どもは土の上で遊び、家族で家庭菜園による自給自足をし、ベランダは庭となり息を吹き返す。大地からの恩恵を感じながら都会に住まうそんな暮らし。

支部講評

東京都渋谷区の表参道団地を新国立競技場など周辺の開発残土で埋めながら新しい住環境とする提案。「大地から人を切り離した団地」や「消費に犯された表参道」など前段は少々モノものしいが、団地の土木性と土との相性の良さを見る目線は率直で鋭い。土がプランタに載せられたりスラブを被覆するのではなく、大地から連続している断面に説得力がある。その思想が水や根の流れを造形化する設計手法を呼び込んでいる。そして何より到達点として描かれた世界が独特の快楽性に満ちているのが良い。そこには団地＝人工が変質した自然と、残土＝人工が排泄した自然が掛け合わされる批評と、それを高度にコントロールし磨き上げる耽美が同居している。

（馬場兼伸）

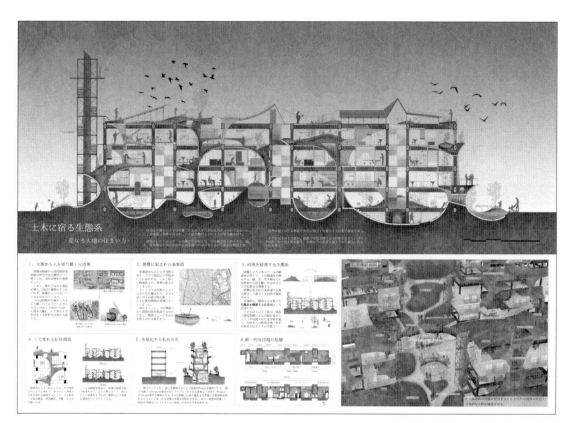

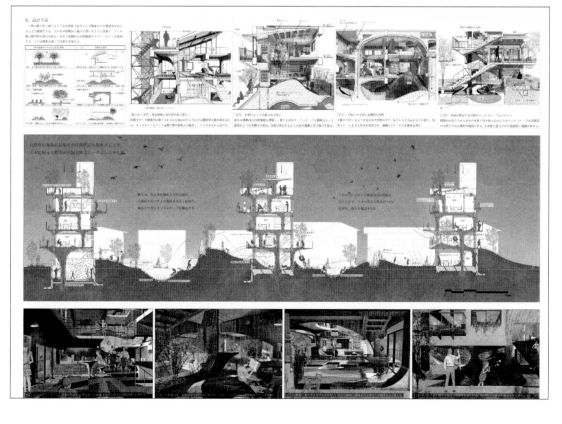

支部入選 20

大きなポストと空の配達員

池田光　　小室昂久　　三浦恭輔
飯野淳也　　澤嶋伶

日本大学

CONCEPT

団地元来の特性を活かしドローン配送システムを活用した、未来の住まいの提案である。
団地計画は各住戸の玄関を階段室でつなぎ、荷物を移動する際の障害になってしまっている。しかし、配置計画の多様性の無さはドローン配送システムを管理しやすく団地内物流の利便性を高めることができると考えた。
ドローン配送の可能性を最大に引き出した計画によりこれから訪れる物流時代の先駆けとなる未来の都市に生まれ変わる。

支部講評

団地のつくる立体格子の空間の中でヒアラルキー的に一番奥にあるベランダに、ドローンが配達するためのスペースを設けるという提案である。すでに現代社会を変えつつある流通革命のなかで、ドローンという近い将来我々の日常風景となるであろうテクノロジーを団地の前面にもってきている。これは便利快適安心安全の先に広がる明るい未来を描いているのだろうか。少なくとも明るい色使いやプレゼンシートにはそのように見えるが、隣近所とのコミュニケーションの希薄化や引きこもり、孤独死などなどを加速化させかねない現代社会の進むかもしれぬオルタナティブな面を冷静に描き出している問題作に私には見えなくもない。そのうち人間もドローンでベランダから入る日が来るかもしれない。

（田村圭介）

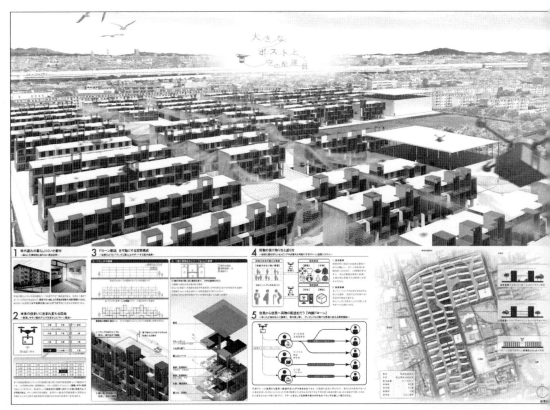

支部入選 21

本から始める地縁再考

篠原健
住吉文登
山本壮一郎

日本大学

CONCEPT

陸の孤島と化した団地。構成人数が減少し危機に瀕したコミュニティこそ住民同士の結束をより強固にする必要がある。団地がもつ心地よさを壊すことなく住人の結びつきを強めるきっかけとして空室を、本を介した静かな集合の場として再編することを提案する。各住戸から滲みだした本たちは住人一人ひとりのプロフィールとなり、無理なく自然に互いに気にする/される関係性を編み上げていく。

支部講評

団地の空家を利用して大きなボイドをつくり、そこに本を通して住民がコミュニケーションが生まれる空間をつくり出そうという提案である。団地の中に1階から上階へと連続した大きなボイドを設けていて気持ちのいい空間である。本棚というヒューマンスケールの装置でこのボイドを襞空間で包み込むきめ細かな設計を行っている。また、各戸がこのボイドに対して開いたり閉じたりしながらボイドをカスタマイズする魅力的なものである。しかし、この巨大なボイドを本だけで覆うのはいかがなものだったか。これだけのボリュームのボイドであるならば、本と決め打ちせずにリサーチをしてもっと他の異なるプログラムを入れ込むこともできたのではないかと思った。

（田村圭介）

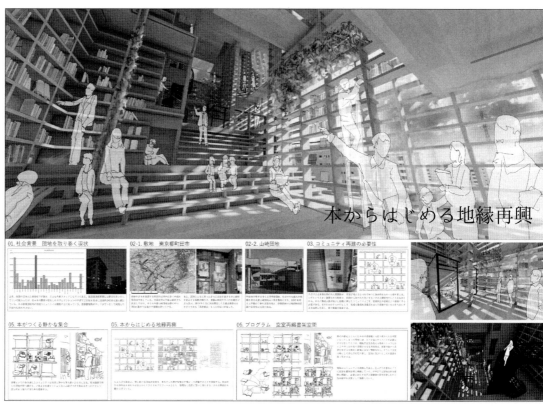

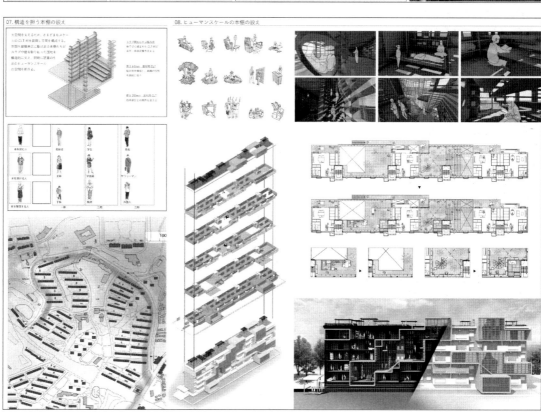

支部入選 22

ダンチサイクルエコロジー
環境やヒト・モノの循環から、建物の循環へ

齊藤健太　鈴木啓生　向咲重　渡辺悠介

神奈川大学

CONCEPT

対象団地は、約1haの人工池を有し、自然を居住環境に取り入れた環境共生型の竹山団地センターゾーンである。少子高齢化、空室、シャッター街などの都市問題が顕在化している一方で、周辺は豊富な緑に囲まれ、多彩な展望に恵まれている。そこで、本提案では硬直した団地を切り開き、豊富な自然との共生をテーマに、都市の中で環境やヒト・モノ、そして建物までもが循環するサイクリカルな暮らしを提案する。ここで考える「サイクル」とは団地が硬直した思考停止状態から脱却を意味する言葉だ。

支部講評

「団地」という大文字のシステムではなく、各団地の地域性を読み解き、展開した提案が多いなか、竹山団地の人工池とピロティという特性を丁寧に扱った本提案は特に印象的だった。発電や農地化、防災などといった単体のアイデアに捉われず、その全てを自然と人工との間で営まれる価値交換と捉え、全体から細部まで一つの生態系として統合した力量は素晴らしい。また、あえて余白部分を残し、新しい活動拠点や未来の住戸増築エリアとした経年変化に対する態度にも好感がもてる。エコロジカルな次世代のユートピアと、団地がもっている近代的理想像の限界を示すディストピアが共存する風景は、魅力的であり、新鮮さを感じる。

（菅原大輔）

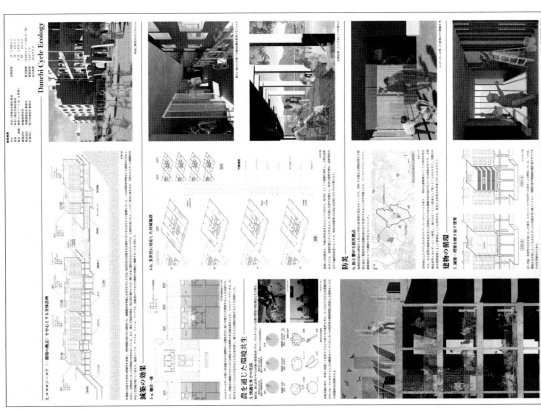

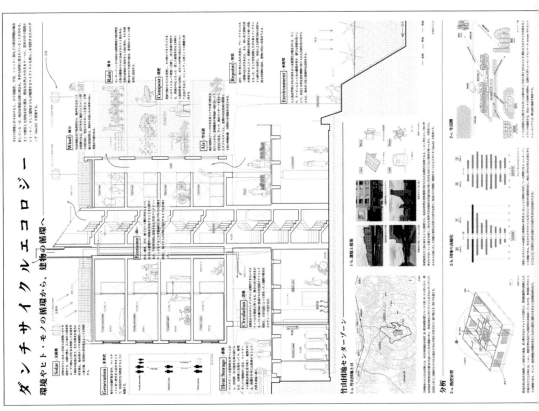

支部入選 24 街になるアシモト

内川和泉
三重大学

CONCEPT

中駒九番団地は、高齢者と外国人が多く住む。彼らのミクストコミュニティ形成の場となるよう、アシモト空間（ダンチの低層部）に関する共生と住戸に関する共生の観点から新たなダンチを提案する。

アシモト空間は既存の要素を活かしつつ、視線や動線を遮る要素は間引き、アシモト空間が連続するように新たな要素を挿入する。住戸は、LDKが連続した空間となるようにプランを変更し、また階ごとに住民のコミュニティスペースを設ける。

支部講評

課題条件の「実在する団地を対象に」「リアリティを感じさせるものであってほしい」に留意し審査に臨んだ。

本提案では、リサーチを元に「ダンチのアシモト」を「街になるアシモト」にすべく敷地利用から住戸まで提案を行っていることを評価した。敷地の使い方では既存の住棟をほぼ残しつつ、すでに有効に使われている屋外広場の活性化と隣接する駐車場を大胆に屋外活動の場に改変し、ダンチ内はもとより地域へと人の輪が拡がるように考えている。また、住戸内は壁をとり、共用廊下とバルコニーをつなぐ土間を挿入して、高齢者と外国人という異なる属性の住民たちがお互いを知る機会を創出している。屋外施設の屋根が大げさだったり、住戸プランの提案が画一的だったりと賛同しかねる部分もあったが「ダンチの再考」のキッカケとなる提案ができていた。

（丹羽哲矢）

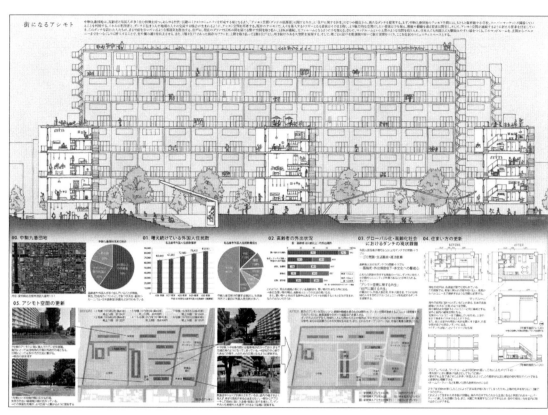

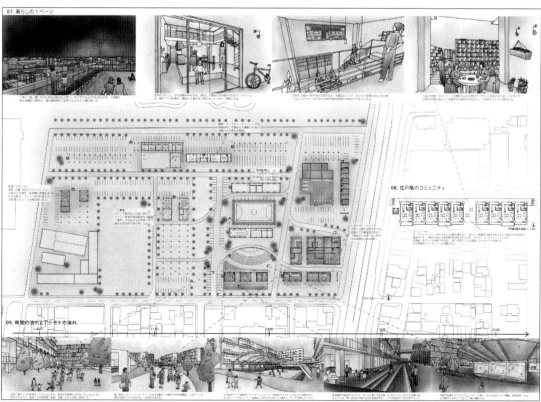

支部入選 27

シェア暮らし
—人×いきもの×自然—

石原可南子
竹村弘生
津村智弘

名古屋大学

CONCEPT

昔は、人と自然と生物が一つの生態系として同じ場所に暮らしていた。

しかし、郊外の宅地化が進み、土であった地面はアスファルトで覆われ、人間が住む場所から自然や生物を追いやってしまった。団地は巨大な人工物であり郊外では異質な存在に見える。しかし、日照のために開けられた大きな外部空間は土のまま残され、郊外の居住地の中で最も自然に近い存在にも思える。

この場所は、"生態系を呼び戻す余地"をもっている。

団地は、人と自然と生物をもう一度つなぐ核となる。

支部講評

整然と並ぶ団地の住棟間に盛土を設け、その中にリビングやダイニングに相当する住人たちの共有空間を穿つ。また、住戸のリビングやダイニングを減築し、住棟を盛土と同じく多孔質の余白がある空間とする。住人たちが両者を繋ぐブリッジを回遊しながら、余白に入り込む自然と共生する提案。

住棟間の地面が土のまま残されていることに着目して盛土の造形に発展させる一方で、現代の暮らしにあわせて住戸内の機能を外部に離散配置する、増築と減築の2方向の建築的なデザインにより、風や光が入り、緑が溢れる瑞々しい生活が描かれている。

盛土とブリッジが大がかりな印象があり、より小さな造形で空間の魅力を最大限引き出すデザインを今後期待したい。

（平野章博）

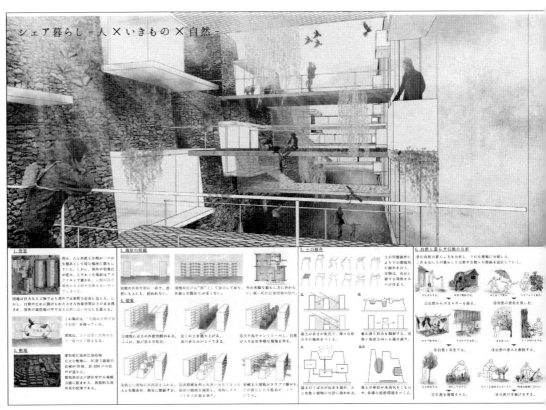

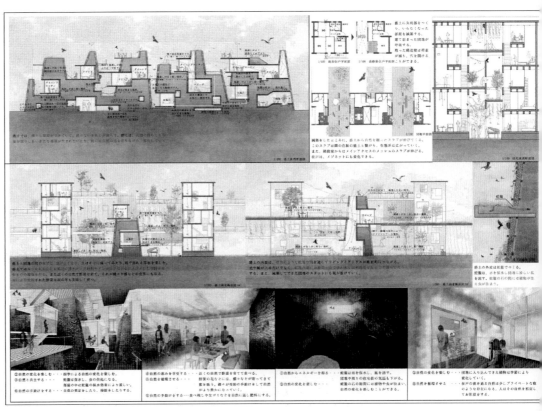

支部入選 29

仮想市場団地
荷物受け取り空間を中心とした地域拠点

佐藤寛人

新潟大学

CONCEPT

買い物の形態が商店街から、スーパーやショッピングモール、Eコマースと変化してきたが、物流への負担や、まちへ出る機会の減少などの問題も発生している。

ダンチを住宅地の中心=市場（買い物）の中心として捉え、荷物の受け取り空間を個人から地域に出すことによって、モノやコトが集まる仕組みを提案する。

支部講評

本提案者は、購買の環境やシステムの変化や人口の高齢化に着目し、団地内に宅配便等の「荷物受取空間」を設け、配達システムの効率化と地域の再生を目指す拠点とする計画を提案している。そのため、団地の1、2階の壁をできるだけ撤去して視線を通すことで団地のもつ閉鎖性から開放し、同時に棟を繋ぐことで全体の一体感をもたせた計画は評価できる。

ドローン輸送も視野に入れているようだが計画への反映が見られない点、「荷物受取空間」からリニューアルした住戸への移動方法の提案、1階の殺風景なピロティ空間を風土性や災害などと関連付けた利用の提案なども視野に入れると、さらに説得力のある提案になったと思われる。

（髙嶋猛）

支部入選 30

SNOW MINERS
これは、僕が幼い頃、雪かきヒーローとなった とある団地の物語である。

梁取高太　　小島厚樹　　宮澤啓斗
新潟大学

CONCEPT

本計画は新潟県上越市に位置する小丸山団地を対象に、車社会からの脱却と雪かきを媒介した多世代の交流を提案する。
団地内の道路を封鎖し道路空間を団地の共用地とする。各住戸の既存の車庫やカーポートを拡張し空間化することで住民の活動が共用地へ滲み出る。また、子どもたちは遊びのなかで住人から知恵を学び、冬季はその知恵を活かしながら雪かきの手伝いをする。この団地に訪れる一人ひとりがSNOW MINERSとなる。

支部講評

屈指の積雪量を誇る上越市の風土性を活かした団地領域の再編案である。建物ではなく、建物の余白において営まれる「雪国の生活風景そのもの」を独自のダンチとして再編した点は評価したい。隣接する空き地を団地専用駐車場とし、団地内から車を排除。残された駐車場、カーポートを道路と一体利用可能な共有空間として再設定する。カーポート同士を緩やかに連続させることで、中間期は子どもの遊び場や家庭菜園、雪囲いの資材置き場として、晩秋にかけて住民が雪囲いの準備をする風景が展開する。降雪期には雁木の如く住民の交通・交流空間として機能する。失われつつある住民同士の交流を再生させる新たなダンチの可能性を具体化した力作である。

（熊澤栄二）

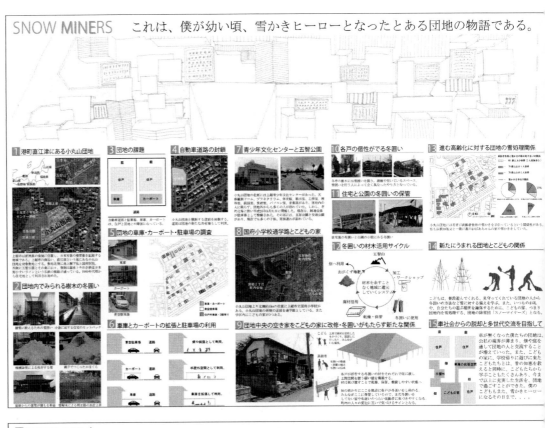

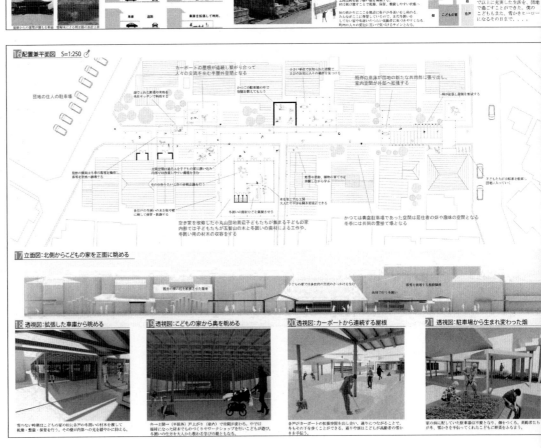

支部入選 31

私と故郷、縁つなぐ団地アーカイブ
～空き家を解消し生まれ変わるまち～

堀内那央　　槌田美鈴　　樋口明浩
日本大学

CONCEPT

故郷が好きだ。
しかし現実では、空き家となった実家を手放して拠りどころを失うか、空き家が集まる寂しい故郷をみるか、何とも寂しい選択を迫られている。
そんな時、まちに佇む団地群が『団地アーカイブ』として生まれ変わったならば、実家を解体しても故郷との縁は守られ、まちは自由に更新されてゆくことができる。
問題だらけだった団地群も故郷も明るい未来という新たな選択肢に出会い、素敵な場所に生まれ変わってゆくのである。

支部講評

本提案の最も興味深い点は、団地を「生活の記憶や思い出をアーカイブするための場所」として捉えていることである。それも団地での生活の記憶ではなく、周辺地域において建築の更新が行われる際に止むを得ず消えていくような生活の記憶を団地に集積させ、地縁や血縁のかけらを残すことでまちの更新と文化の集積を同時に行おうとしている。50年前には住宅街の中で新しい存在であった団地を、現在では住宅街の更新とまちの歴史やそこに生まれた縁の継承を支える場所として捉えている点は非常に斬新で面白い。地方における人口流出、空き家問題、無縁化社会など多くの社会的問題にコミットし新しい団地の使い方を考えた魅力的な提案である。

（宮下智裕）

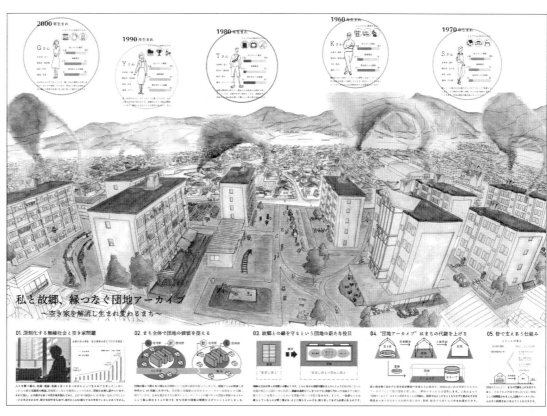

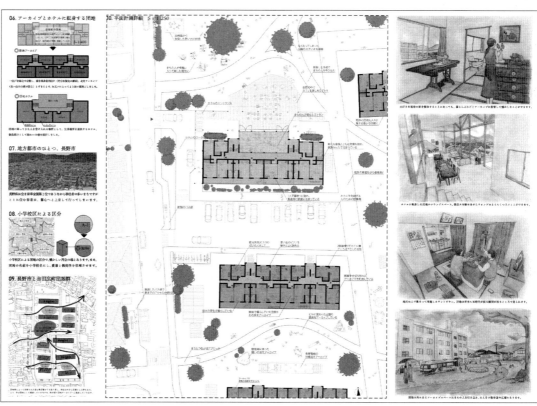

支部入選 32

穴あき循環荘
～生ゴミ0の団地～

田中惇　　　張碩
川端梨紗子　山田千彬
神戸大学

CONCEPT

現在の団地は経済性のみが優先され、いかに床面積を小さくしながらも生活水準を保とうということが考えられてきた。時代は移り変わり、これからはサスティナブルな社会となってくる。しかし今の住密度では持続可能な住まいとはならない。我々は生ゴミに注目し、それが団地から排出されずに循環する団地を考え、これからの団地の新たなカタチを提案する。

支部講評

宝塚市の団地を対象に、今後のサスティナブルな社会に対応した環境負荷の低減・環境保全の循環型団地への転換を提案した作品である。団地内の住戸数を減らしたスペースに緑やゴミ処理、雨水貯蔵のコモンスペースを設置する。そこに生ゴミを堆肥にする装置を導入し、その堆肥を屋上緑化や菜園等の肥料として活用する。さまざまな装置を導入するにあたり、それらの設備をしっかりリサーチしており、リアリティが高い。
今後さらに重要となるサスティナビリティに着目し、かつて先進的であった団地はしっかりとそれに対応できることを示唆する提案であり、かつ小さな団地でも実現可能な普遍性の高い提案である。

（松原茂樹）

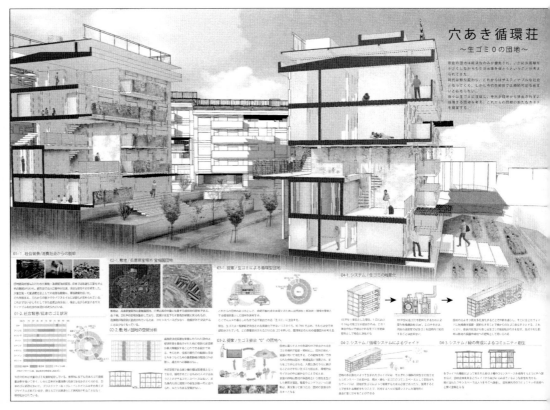

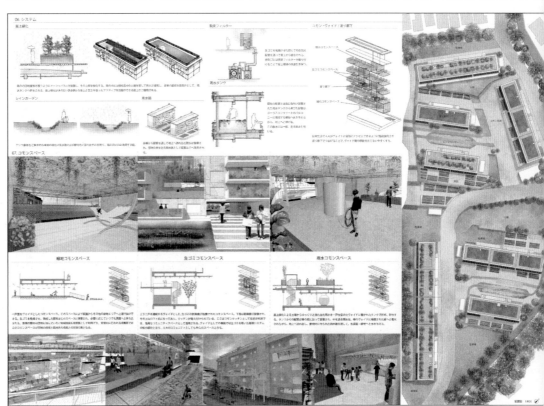

「こう」住んだぼくは、「どう」暮らそうか。
―都市と自然がゆらぎつなぐ、多様性のオアシス―

支部入選 34

横田慎一朗　木村友哉　永本聡　松井優香
神戸大学

CONCEPT

ダンチはオアシスだった。戦後には住宅を、その後は緑とコミュニティを供給し、都市の要求に応えてきたダンチはこれから先、どんなオアシスになるのか。「オアシス」としてのダンチを再考する。山と街の狭間にレイヤー状に並ぶダンチは自然と都市をグラデーション状に分けるフィルターとなる。フィルターを介して生まれた空間のつながりは、人々も自然も移り変わる多様な空間をもたらす。ダンチは「多様性のオアシス」となるのだ。

支部講評

ダンチを「多様性のオアシス」として、単にヒトが暮らす箱としてだけでなく、自然生態系から都市空間までを緩やかに繋いでいく段階的フィルターに見立てた提案。
六甲山と神戸の街をつなぐ斜面地にある団地を題材とすることで、上から下への水の流れを軸として、さまざまなシーンを段階的に自然に展開できる提案としており、引き込まれるものがある。
ペンタッチ、色使いも提案内容にマッチしており、全体としてまとまりを感じ、そのまとまりのせいかおとなし目の印象を受けるが、実際に本提案が成立したならば、ダンチのストック活用としての有効性、話題性、人的吸引性が十分に期待できるのではないか。
その期待も込めて入選作の一つとなった。

（臼井明夫）

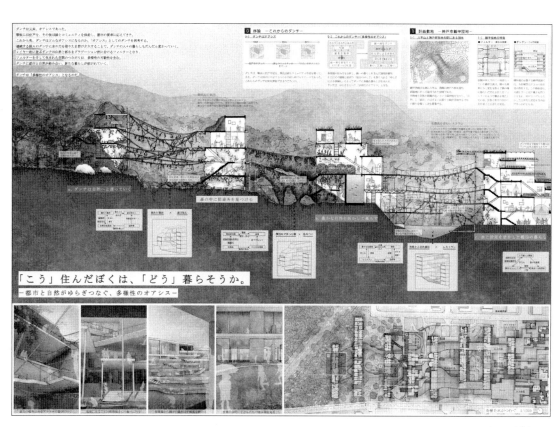

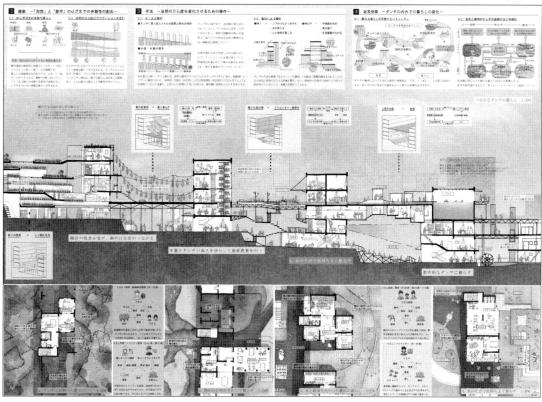

支部入選 37

Agri-tecture
団地を拠点として形成される
地域コミュニティによる新しい農業のあり方

秋田湧大　　　泉亮太郎

神戸大学

CONCEPT

高齢化が進む日本では農業の後継者不足や団地の空き家率の増加が問題となっている。そこで農地と団地がともに郊外に立地している点に着目し、団地に農地を挿入する。ここでは多種多様な住民たちが、農作物を「つくる」ことを共有することで住棟を基本単位とする農家的コミュニティを形成する。団地を生産拠点とする近郊都市農業の新たなシステム構築により高齢化に伴う農家の後継者問題を解決し持続可能な農業が営まれていく。

支部講評

ダンチをストックとして活用する課題に対し、日本のもつ他の問題、ここでは農業問題を絡めることで現実的な有効解を導いている。
前段で統計資料に基づき農業問題を整理し、ダンチへの取り込みの合理性を説く。計画対象団地の選定、周辺環境を含めた調査も丁寧である。後段の具体的な提案では、一部の棟を解体撤去する前提で有効な農地、コミュニティスペースを確保しており、ともすれば各地で採用可能なプロトタイプと思える。
農家的コミュニティの考え方は、そこで過ごす人々の様子が想像でき、リアリティを感じる。当作品の他にも農業と絡めたものがいくつか見られたが、その中で秀逸。

（臼井明夫）

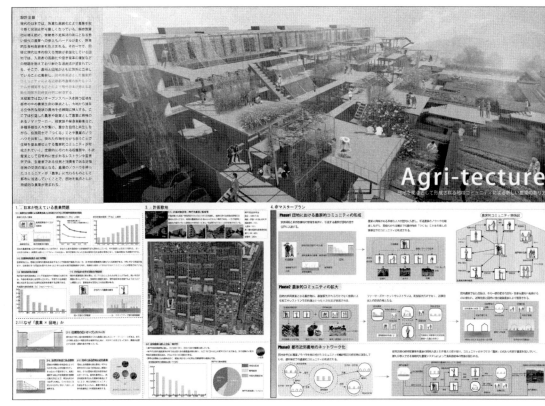

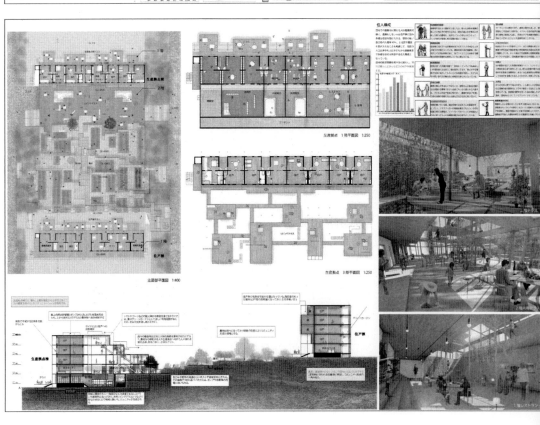

支部入選 38

ハナレとオモヤ

栢木俊樹　高永賢也　藤田宏太郎　山本泰史
青木雅子　朝永詩織　宮田明弘
川合俊樹　辻智貴　宮本菜々子

大阪工業大学

CONCEPT

本提案は、団地を地域のハナレと捉え、医療×住宅による医住近接の暮らし方を提案する。従来の団地の「型」を田舎ならではの「型」によって溶解していく。田舎に存在する「思いやり」や「いたわり」といった考え方を通じた地域ぐるみの相互扶助の考え方を用いることによって、新たな支え合いの関係形成を考える。団地はマキノ町に関わる人々と挿入される機能により再編され、地方の新たな拠点に生まれ変わっていく。

支部講評

いわゆる「田舎」と呼べるような小さな地方の駅前にあり、昔からこの地に住む人よりも新しく住む人が多い市営住宅を中心に「田舎のコンパクトシティ」を提案した作品である。かつての相互扶助を再構築するために団地を「地域のハナレ」とみなし団地にさまざまな機能を付加した。住民、特に高齢者の生活支援が不足する地域の現状を分析し、地域食堂・共同浴場・託児所などコミュニティ支援の機能だけでなく、地域を循環するコミュニティバスも提案し、広く地域を見据えている。
比較的都市部の団地を提案する作品が多いなか、人口の少ない地方に着目し地域の課題として団地を中心に地域の再構築を目指した優れた提案である。

（松原茂樹）

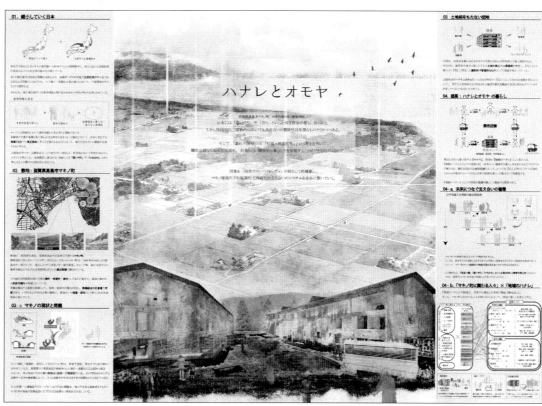

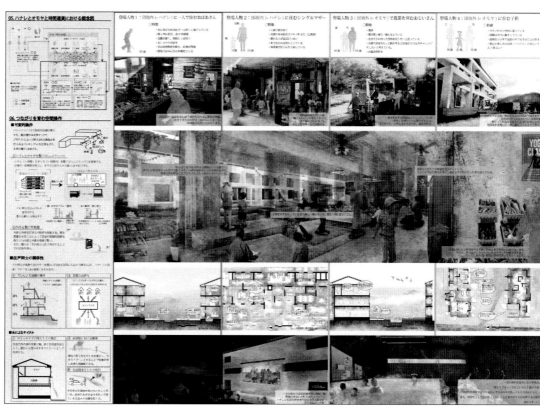

支部入選 39

Biosphere
―バイオガス発電を用いた地域循環型社会の提案―

黒田英伸
笠川睦
檜垣裕一

神戸大学

CONCEPT

私たちが出した問いは「廃棄物処理にかかる現在の環境負荷を軽減し、地域に還元することはできないか」ということであった。本計画では、地域の廃棄物を用いた「バイオガス発電」を行い公営住宅をフィルター的に活用することで地域社会の持続性を高めることを提案する。一度は社会から隔離された団地という存在を住まいそのものではなく、それを支える心臓として生まれ変わらせることにより、新たな地域との関係を築くことを本提案の最終目標とする。

支部講評

明石舞子団地という中規模な団地さらに周辺の戸建て住宅地を対象に環境負荷低減を目指しエネルギーの地域循環型社会を提案した作品である。団地を減築したなかに廃棄物処理を用いたバイオガス発電装置を設け、これにより生まれる熱・電気・水・肥料を広く地域に循環する。バイオガス発電を核に各エリアに果樹栽培などさまざまなアクティビティを生み出し、新しい団地と地域との関係を築き上げる。
団地を核に周辺の戸建て住宅地も含めた広域な地域循環型社会を提案し、また減築や屋外空間などのボイドが多様なアクティビティを生み出す可能性を豊かに表現できた提案である。

(松原茂樹)

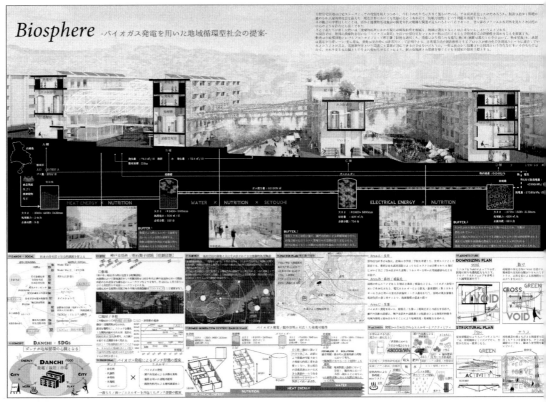

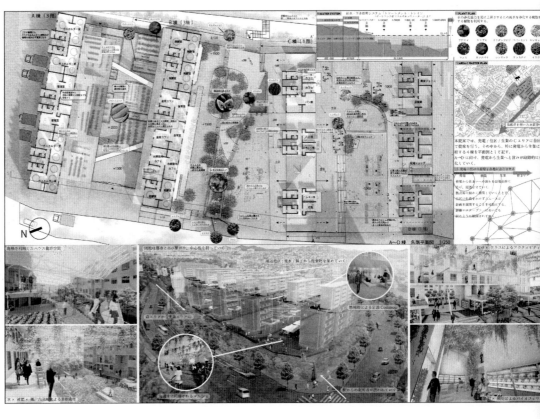

支部入選 40

塔のある街

堀智哉
京都工芸繊維大学

CONCEPT

東大路高野住宅団地における給水塔から始める団地再編と街の人の意識を変える提案。
全国に存在する団地で進行する給水塔の解体に着目し、京都の高さ制限が周辺より高さのある団地住棟と給水塔が新しい価値をもつと考える。この「塔のある街」では、給水塔がいつしか団地という枠を超えて、塔をもつ集落のようにダンチという街の塔となり、それが誰かがこの街で生きているのだという象徴になれることを信じて提案する。

支部講評

使われなくなった給水塔に着目し、これを新たな塔として再構築することで均質化された団地を「私の街」に変えようという提案である。団地住棟にペントハウスの増築、塔の再構築、耐震補強のフレーム設置、ペントハウスへ新たなプログラムを挿入することで、多様なライフスタイルを享受できる環境をつくり出すこと、そして均質なスカイラインを個性ある印象的な風景につくりかえることに成功している。また、これを美しい絵により巧みに表現できている。「塔のある街」の風景は、ヨーロッパの街の教会のある印象的な風景にどこか似ており、ここに住む人々の心の拠り所となる街のアイデンティティを確立し、"私の、誰かの、生きている象徴"になるのではないだろうか。

（楠敦士）

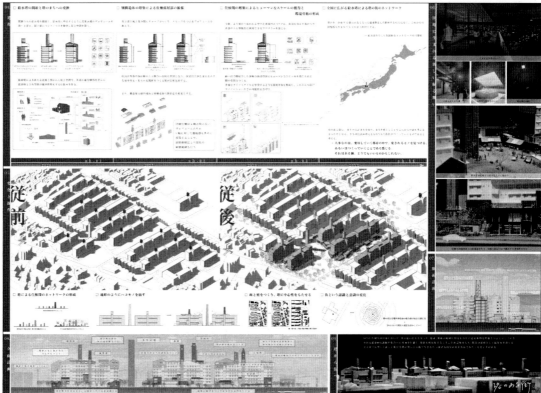

支部入選 41

更新されるモトマチ
~基町アパート大学再編計画~

吉本大樹
生田海斗*

近畿大学　京都工芸繊維大学*

CONCEPT

高度経済成長期に近代的な生活のユートピアとして整備された「ダンチ」は日本中で続々と不良ストック化している。広島基町団地もその典型例として、都市化の光の中に残された影として、団地／ダンチの空虚化が著しい。団地のもつ形式性や住まい方と、埋没していくダンチの記憶とを、これからのまち（の日常）のなかに有機的に位置づけられないだろうか。そこでこの基町アパートメント一帯を大学-住居複合施設とし、変化する基町の時間軸と重ねながら編集していく。
これにより、基町・そしてダンチのDNAを受け継ぎながら代謝を繰り返していく基町アパートメントは生きた学生のまちになり、一つの平和な風景をつくる。

支部講評

時代の要請が変貌し、当時の役割を終えたダンチが孕む「都市以上の問題」に対し、大学機能を組み込むことで、「まちの日常」にダンチの形式・住まい方・記憶を継承し、活性化を試みた案である。大学再編を絡めつつ、一般住民を取り込むことができる「アート」を軸に「地域に開かれた場」を設定した点、高層部独特の構造を活かし、学寮としての立体活用案を示した点は秀逸である。また、整備プロセスの綿密なフェージングや、行政の動きにも着目し、リアリティのある提案となっている。一方で、大屋根の形状と材質に対する模索や、それによって半屋内化した燐棟空間の光・居住性に対する、より深い検討が見られたら、さらに良い提案となった。

（岡松道雄）

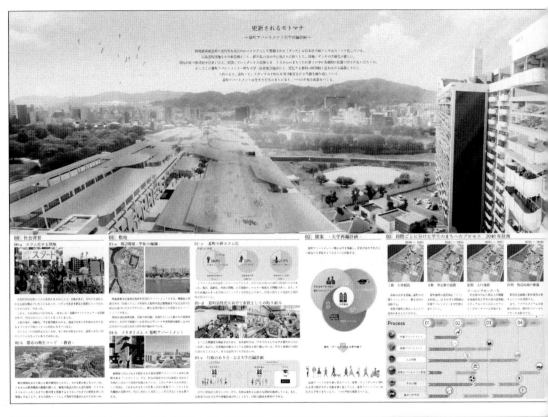

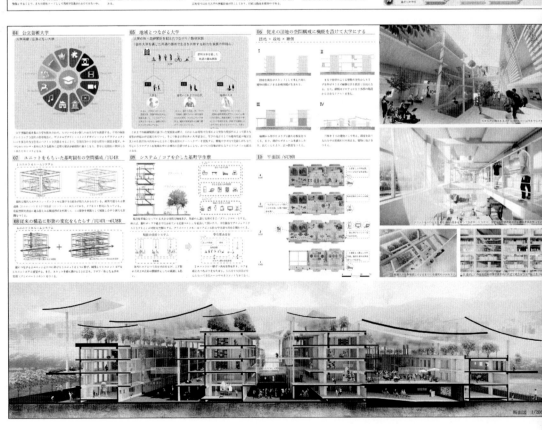

支部入選 42

－団地食堂－

岡田遼介

広島大学

CONCEPT

『高陽ニュータウン』は、戦後の住宅不足を象徴する中国地方最大の住宅団地であったが、時代の流れとともに団地の高齢化と人口減少が進行し、需要が減ってきている。本提案では、この団地内にあるURが建設した連呼型分譲住宅を取り上げ、隣接する小・中学校の給食を生業うプログラムを取り入れた。ここでは、食と職が利用者の新たな関係性を構築し、衰退してゆく団地の中で持続可能な生活を送ってゆく。

支部講評

食と職を介した関係性をデザインすることで生み出されるコミュニティには、人々の生活を豊かにするだけでなく、変わりゆく時代背景においての問題解決へ導く提案となっている。
連呼型住宅の連続性を活かしつつ回遊性を取り込み、既存住戸を細分化し「住む」以外の機能を加えることで、新たなコミュニティを構築している。ここで生まれるコミュニティは学校給食においての問題解決にも結びついており、隣接している学校の食を主業う空間として機能している。団地内で見られなかった新たな関係性を築き上げていくことで継続可能な生活が生まれる団地は、住宅不足の象徴とされていた「住む」ためだけの住宅団地の新たな可能性を見出した提案である。

（小川晋一）

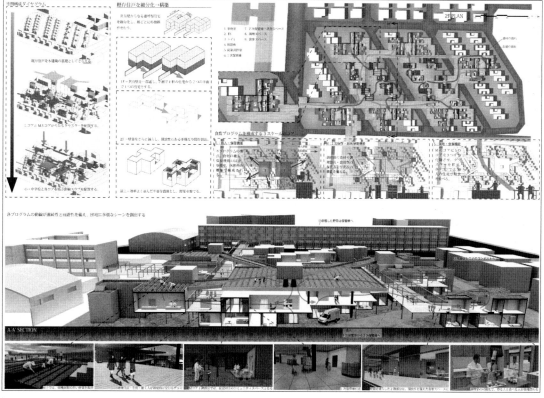

支部入選 43

記憶を残す日常
―基町的都市更新―

今江周作
伊藤健太郎
工藤崇史

近畿大学

CONCEPT

スラム解体の使命を受けて立ち上がり、役目を終えた今、従来の機能を失いつつある。これまでの基町という団地の生活とかけ離れた機能を付随させることにより、基町の顕在化するパワーは大いに発揮され、ひとつの都市として存在し続ける。

支部講評

本提案は被爆都市広島の戦後復興を、集まり住まうこととして象徴する基町高層アパートの未来の改修案として、アパートとサッカースタジアムの複合を提案している。着工から50年経った今も多くの人の暮らしがここにはあるが、これからさらに未来の暮らしを構想する時期に差し掛かっている。特に中央に設けられた利用客が減少している商店街をスポーツ施設に建て替え、ピロティという当初からのコンセプトをさらに拡大して上空のみに住居を残す計画は、住まうこととスポーツ施設を共存させるだけでなく、ここに元々あった原爆スラムと野球による復興のエネルギーの記憶を引き継ぐものとして広島という都市の新たな記憶と日常を提案している。

（岡河貢）

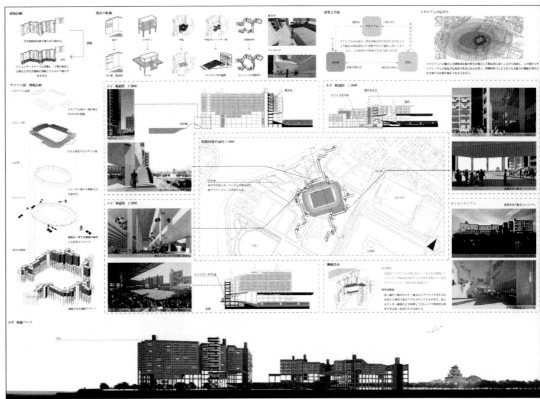

支部入選 44

－記憶と変遷－
残されたものが織りなす空間

北山裕貴　　寺下麻里奈
杉浦拓哉　　松下七海
近畿大学

CONCEPT

間取りのないダンチ。住む、もしくは利用する人たちが、好きな場所を好きなようにデザインすることができる。自由にすることで出入りする人が増え、その人々の循環が間取りを変え、人々の住み方をも変える。かつて抱いていた団地に対する"憧れ"、そこで暮らした"記憶"は変わることなく、新しいダンチの姿に面影を残す。不変であった家族形態、建築形態、住む人たちは変遷していく。「あの頃の団地からこれからのダンチへ。」

支部講評

新しい「ダンチ」は明るく楽しい空間として、巧みな図面で表現されている。既存建築の鉄筋コンクリート壁の全て、床スラブの一部を解体撤去し、全体に細いスチールパイプによる新たなグリッドを設定、それらを外部にまで侵食させ、内外の空間を曖昧にしながら設計を進めている。薄いパネルの壁面やファサードのガラス面など、実に清々しい。住人の数を減らし、共同で利用するスペースを増やす計画、そして仕事場や小店舗などを追加して多様な「イエ」の企画が良いと思う。
ダンチの調査において、既存建築の平面図や構造形式をもう少し深く精査し、壁面撤去に対する耐震補強などが提案に含まれていると、もっとリアリティが感じられる建築となっただろう。

（村上徹）

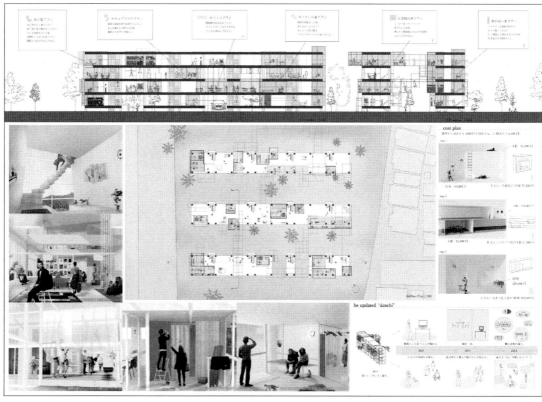

ガッコウダンチ

支部入選 45

湯浅和也
塩谷恭佳

広島工業大学

CONCEPT

県営比治山住宅は広島の市街地の中でも緑豊かな比治山の南側に位置する。周囲にはさまざまな学校も点在しており、1983年に竣工された当時は非常に人気のある物件であった。しかし、交通量の増加や老朽化、流行の遅れ等で次第に魅力が薄れ、空き部屋もある状態だ。本提案では、ダンチを児童や学生の集まる「ガッコウ」とし、子どもと住民がつながるシステムを構築する。さまざまなストーリー展開を思考し、賑わいのある場所へと再変する。

支部講評

あり得るかもしれないと思わせる作品である。団地は小規模な3棟が雁行配置している。近くには、食、福祉、ITなどを学ぶ3つの高等学校があり、計画はこれらを団地に取り込んで、「ガッコウダンチ」に仕立て上げた提案だ。食や健康とスポーツなど、若者と住人との世代を超えた交流を通して、団地のみならず住人をも再生できる可能性を秘めている。羊羹型団地の外周を新たな台形シェルターで覆い、外部空間に接続する中間領域を確保しながら、凝り固まった団地デザインを再生したのは気持ちが晴れる。同時にシェルターが、耐震不適格団地の耐震補強に兼用しているのは慧眼といえよう。
（岩本弘光）

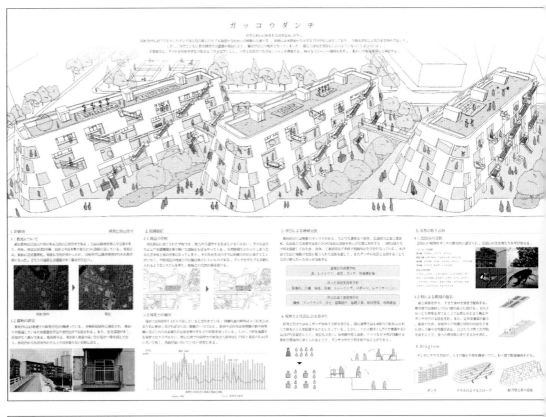

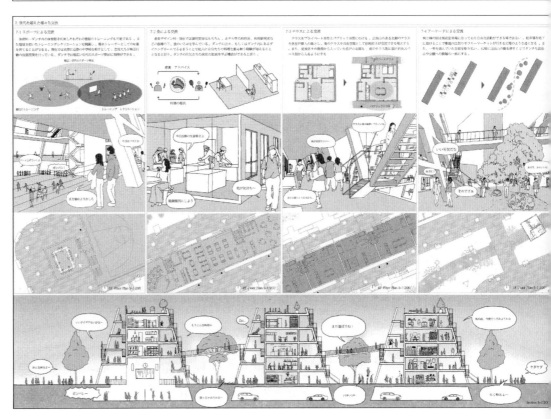

支部入選 46 「ダンチ」はマチを救い、人と人を結ぶ

前原凌平
岡﨑廉
高知工科大学

CONCEPT

南海トラフによる津波災害が予想される高知県。
十津もまた津波によって、マチに大きな被害が予想される。
そこで、私たちは、十津にある「ダンチ」をマチの「防災のためのストック」として捉え、マチの避難所として、この「ダンチ」の再考を行う。
「ダンチ」は避難所としてマチを救い、日常ではピロティと広場がつながることで人と人を結んでいく。

支部講評

「ダンチ」を防災のためのストックとしての捉え方は高知ならではの提案である。南海トラフ地震による津波被害が予想されるなか、マチの避難所としての考え方は実用的である。現在、建っている味気のない津波避難タワーに比べても、より身近で地元住民に安心感を与える施設となり得るだろう。敷地内の全体計画は住民同士のコミュニティを増進させ、3階の避難ホールを増設したスロープ等で日頃から使える「くつろぎホール」として活用することで災害時の住人の避難行動がスムーズに行える良い考えだろう。少し気になるのは、津波時の水没部分を一階ピロティーとして改造するには耐震的に脆弱なイメージがあるため構造的な特別な配慮が必要だろう。海外から見れば、一昔前の団地、ダンチのイメージはウサギ小屋的な家である。地震国日本としてはより強固な建築を造り、3.11のような悲惨な津波被害にも対応している「ダンチ」・集合住宅を造り上げていく使命があると思う。

（松浦洋）

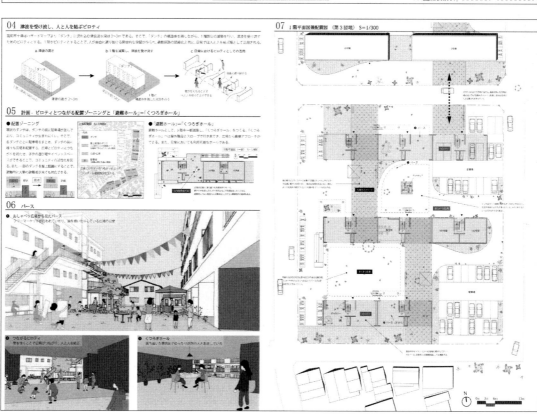

団地ノ解体新書

支部入選 48

立花和弥
天野友博
澤田拓巳

熊本大学

CONCEPT

建築の終わりを意味する「解体」を考え直す。

建築は物理的・経済的・社会的寿命で解体される。

解体というものは突如現れる仮囲いによって周りの環境から遮断され、あっという間にビルや住宅が姿を消す。既存の解体プロセスは全てが無作為にまとめて捨てられる破壊行為である。しかし、建築を破壊するという行為においては建設時と違い、工事を止めることが可能である。「団地ノ解体新書」は建築の終わり方の新たな可能性を示す。

支部講評

熊本では地震後に、居住ができなくなり解体を待つ団地が多く存在する。本提案は、ほったらかされ、いわば「剥製化」した状態が続くのであれば、その期間、居住者やアーティストが解体に参加し、解体自体を生活の一部として楽しむ、即ち、解体されるプロセスに価値を見出し、それを活用しようとする提案である。自然に朽ちていく廃墟の軍艦島が、観光の対象になるように、何か非日常の中に新たな価値が生まれるのかも知れない。解体をどのようにデザインするかが重要であるが、一方で解体の途中過程から生まれるさまざまな偶発的状況も、オープンハウスを訪れる居住希望者が生まれるほど、新たな価値となり得るのだろう。

（福田展淳）

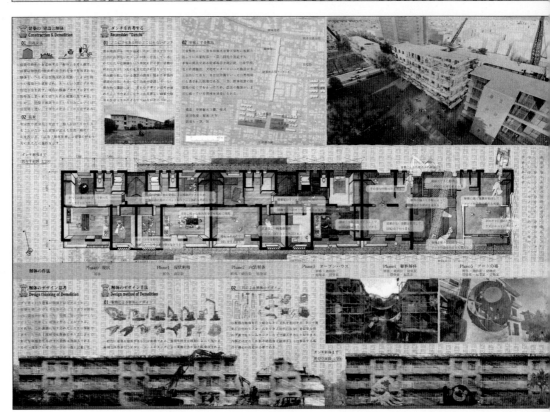

支部入選 49

侵食する風景

吉田陽花
中村謙
野中基克

熊本大学

CONCEPT

ダンチを食（foodbank*）と掛け合わせ、地域の食堂という新たな価値を付与する。街中のサラリーマンや学生で、周辺に食の場がない、お金がかかるなどの理由から昼食や夕食などを食べたいのに、食べられない人々をターゲットにfoodbankの新たなシステムとしてダンチを活用する。また、地域の住民もその場を利用することによって、地域全体の食の場として利用される。食の機能であるキッチンを南側に配置しキッチンアクセスにすることで、道路面からキッチンが目に入り、外部からのアクセスを促す。また、プライベート空間を確保するためにそれを分棟型にすることで、住民は公私を区別して使うことができ、その操作によって従来のダンチにはない中庭空間が生まれ、新しいダンチができる。

＊foodbank…企業から寄付を受け生活困窮者などに配給する活動およびその活動を行う団体

支部講評

各住戸のキッチンを既存の団地建物から引き剥がし、その横に新設した積層テラス上に開放可能なキッチンユニットとして分散配置する提案である。既存住戸はほぼそのままに、キッチンのみをパブリックな領域に置くことで、家族内、団地居住者間、団地周辺のサラリーマンや学生らとの多様な繋がりの場を生み出し、それを楽しげなスケッチで魅力的に表現している。ただし、この空間を支える仕組みとして市場で余った食材の寄付を受けるfood bankを土台としているが、本来この事業が手を差し伸べる相手としている生活困窮者（貧困家庭の子ども、シングルマザー、失業者等）への眼差しに基づいた社会的な提案がみられないのは残念であった。

（柴田建）

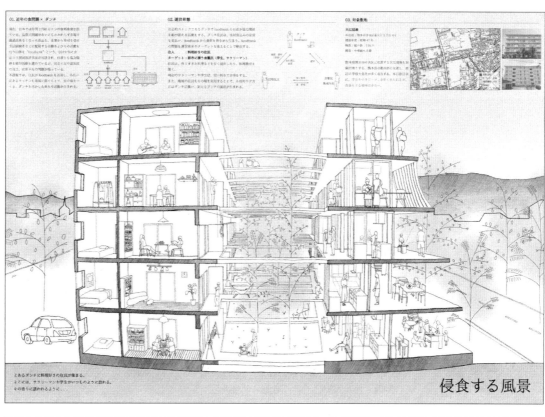

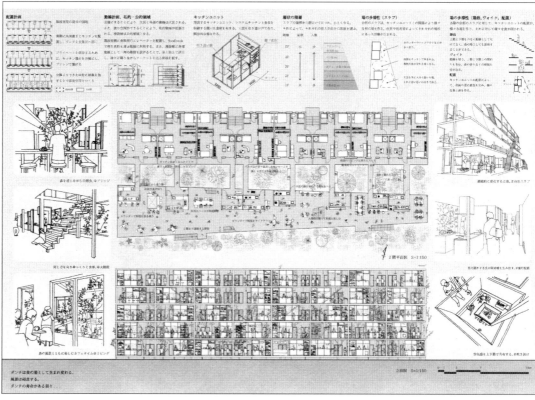

支部入選 50

団地を塗り育む

奥村仁祥
武井碩毅
吉國智子

熊本大学

CONCEPT

団地は住戸に付属するバルコニーが連続することから、自然環境に対して大きく表面積をとる建築である。その特徴は、メンテナンスの面から不利益になることが多く、住民と外部の関係を切り離して生活する考えを強めていた。火山灰が降るまち・鹿児島県鴨池地区。団地が降灰する自然環境と積極的に向き合うようになったとき、団地は消費をするだけの場所から人間関係や環境を育てる装置へと成長していく。

支部講評

日常的に起こっている鹿児島・桜島の噴火の降灰被害を逆手にとって、それを左官材料として団地そのものを職人の訓練場所に変えてゆくという極めてユニークなアイデアである。既存の建物の床壁を抜いたりする提案はよくあるが、これは既存を塗り込めてゆくことによって空間の質を全く別のものに変えてゆく。単なる増築でも減築でもリノベーションでもなく、団地を下地として塗り込めるだけで全く別のものに再生しようという大胆な構想が素晴らしい。また、表現されている空間も洞穴住居のようなものになって、近代建築としての団地と質を異にする。団地的なものが厚みをもった手作業で塗ることによって解消されてゆくのだ。地域性を活かし、負の要素を反転させた素晴らしい作品である。

(鵜飼哲矢)

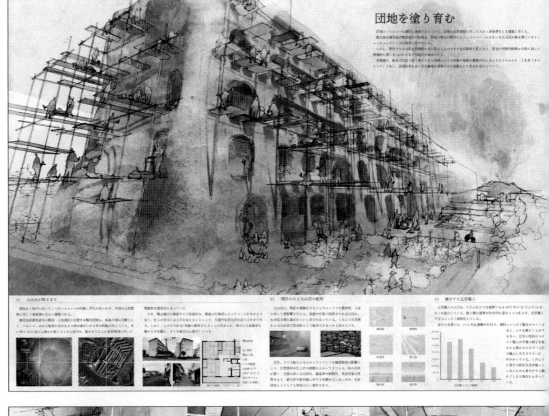

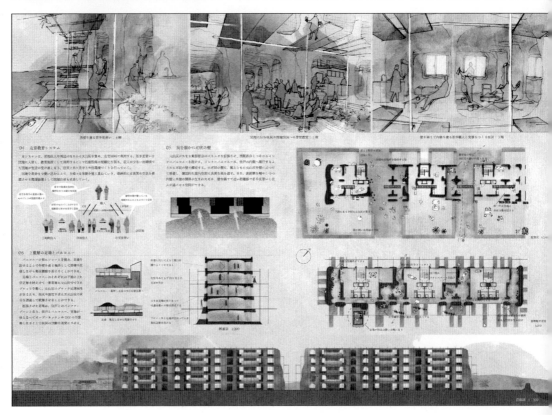

支部入選 54

ダンチをおおうのれん
―住処の原風景―

川端大輝　　調菜月　　Ruiz Fierro Wendy
有冨魁　　長野永太郎
日本文理大学

CONCEPT

日本の産業は産業革命、高度経済成長期を経て急激な経済発展を遂げた。その中でも新産業都市構想の中で生まれた工場労働者のまちの明野団地には、「ベッドタウンで働く」ということが根付かず、通勤通学には交通機関を用い、中心市街地へと向かう光景が日常である。かつて町屋や農村で働くことが生活風景の一部であったことを再考し、住まう人同士の交わりで新たな仕事が生まれ、縁をきっかけとした小さなみせがまちに連なる、新たな団地の風景を提案する。

支部講評

のれんを主軸に、地域と個人を繋ぐという着想が面白い。のれんというアイテムを用い、その利用方法と特性を掛け合わせて、人と人との距離感をアイコン化している処理が秀逸である。集まって住むためには他人との距離をいかに扱うかが重要であり、本提案では、のれんで距離感を操作している。のれんを記号のように扱うことで、ファブリックもひとつの建築言語足りうるということを改めて感じさせてくれる。一方、建築空間の提案としては、減築や増築といった汎用的な処理に終始しているのが残念である。のれんが外部のファサードアイコンに留まらずに、住戸内部についても、減築や増築に絡めつつ、その魅力を活かすような提案がほしかった。

（松野尾仁美）

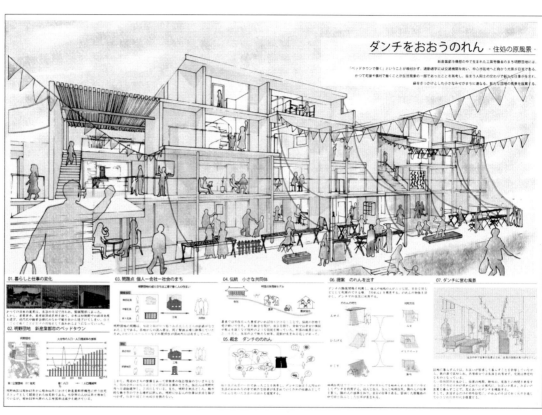

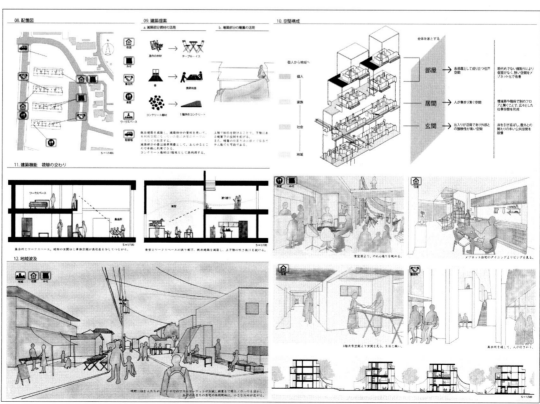

支部入選 55 藁しべ団地

土田昂滉　奥田康太郎
阿久根拓　高橋優実
岡本海知
佐賀大学

CONCEPT

対象地は佐賀県の田園地帯に囲まれた正里団地である。その田園地帯の二毛作という農業的特性から、毎年多くの藁が副産物として生産される。市が藁の有効活用を推奨しているため、建材として藁の新たな活用をコンセプトとした。

ストローベイル壁を内壁の既存躯体の一部に介入させ、間取りの自由度を増幅させるとともに、建築外皮にも藁を多用し建築のファサードと地域産業のサイクルがリンクさせることを主な目的として計画した。

支部講評

佐賀県の広大な二毛作の農地の中に立地する団地を藁で再生する提案である。車で田舎を走り、藁葺き屋根を見るとほっとした気持ちになる。藁の柔らかさがもつ独特な雰囲気が、心を和ませるからである。もし、老朽化した団地が、藁で覆われれば、固いコンクリートが一気に優しい表情に変わる。だれが藁を干すか（居住者とあるが、無理であろう）、劣化や維持、防音や防火の問題など、実現には多くの課題があるが、藁で囲われた寝室で、藁の匂いの中、眠る心地よさは、想像に難くない。藁は軽いため、音をよく通す。一方で、内装材として使えば、吸音材となる。外壁では、遮音上問題であるが、内壁であれば十分利用可能だろう。

（福田展淳）

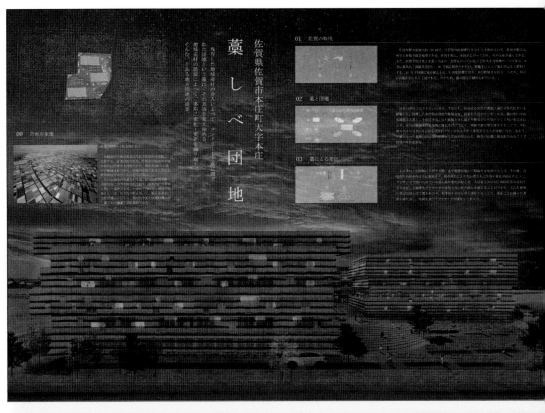

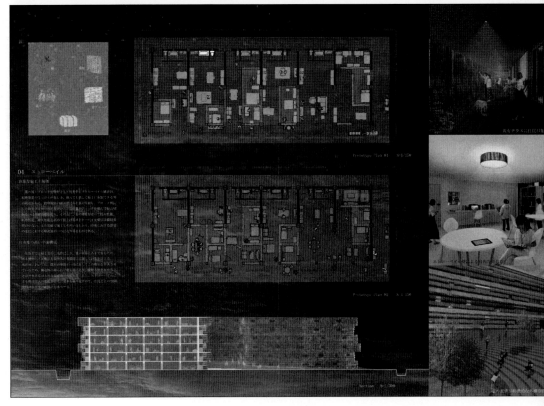

支部入選 56

ご縁

井上凜子
宇野匡亮
王丹晨
Duangputtan Patcharaporn

佐賀大学

CONCEPT

戦災後、住宅不足を解消するために団地ができた。

団地には数多の家族が居り、数多の縁があった。

しかし子世代が社会人になると団地から出ていってしまい、今や団地は高齢者ばかりになり縁が薄れた。

今回、対象敷地周辺にある川や公園を団地内に取り込む。

そこに生まれるのは、昔の団地内だけの縁ではない。迷い込んできた者、認知している者、さまざまな訪問者を巻き込む縁が生まれる。

私たちはこのような自然に縁る団地を提案する。

支部講評

団地にとって、その住棟の配置は主要なテーマである。効率を優先するあまり、長方形の住棟が平行に並ぶだけでは、景観が単調になるだけでなく、人々の溜りの空間は創出しにくくなる。本提案では、既存の活用できる部分を残しつつ、活用できない部分は取り壊して新たな棟を新設し、それにより囲まれた溜まりとなるパブリック空間を生み出している。提案のジグザグとなる住棟の配置が、人の流れをコントロールし、溜りの空間でのコミュニケーションという効果を生んでいる。また、屋根の形や中層階の計画が魅力を引き出している。ただし、住棟の配置を見ると、日影や通風といった環境性能に疑問が残る箇所があり、より詳細な検討が求められる。

（松野尾仁美）

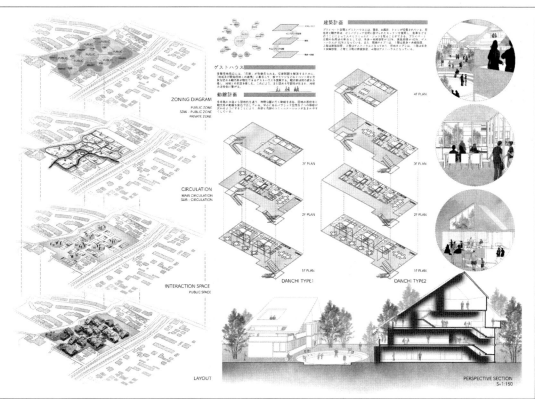

支部入選 58

陽だまりに集まる者たち

宮嵜晴基　　山下珠穂
陳俊佑

佐賀大学

CONCEPT

敷地全体を覆っている駐車場を地下に移し、一階部分の空間を有効活用する。そして生活動線を地上から切り離し、空間をprivateとpublicに分け、団地に付加価値を創出する。また、住戸に可変性をもたせ、建物の密度を下げることで、陽だまりの空間を創造する。さらに、住戸に繋がる廊下部分の空間を繋ぐことで交流の輪を広げる。
publicスペースの商業施設は、住民たちが運営する。まるで商店街のようなコミュニティをもった団地である。

支部講評

表現力が豊かで説明に関しても破綻もなく優秀ではあるが、審査員の評価が割れた作品である。豊かで魅力的な空間をつくるために、地下の駐車場をつくるなど過剰な投資が必要な点、また香椎という比較的人気があるエリアで築年数の浅い本団地を減築してまで行う意義など指摘があった。この団地が駅前の再開発や、地域の中心施設としての役割が前提であれば理解できる部分もあるが、他の作品よりリアリティのある計画が故に費用対効果等に目が向いてしまった。未来的には車を所有するという概念はなくなり、「駐車場が必要ない時代がくる。」など少し突拍子も無い前提の作品を提案するのも学生らしくて面白かったと思う。ただ、空間のつくり方や表現力という点での評価は高かった。

（小林省三）

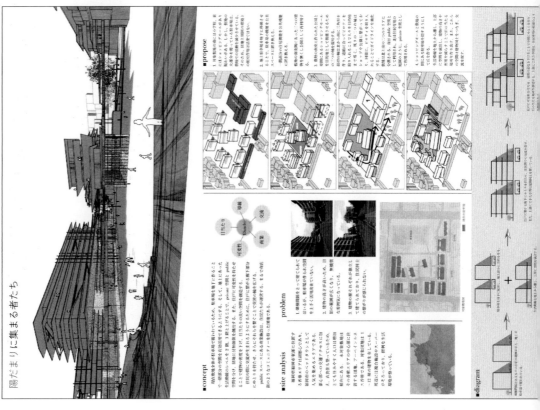

88

2019年度 支部共通事業 日本建築学会設計競技

応募要項
[課題] ダンチを再考する

〈主催〉 日本建築学会

〈後援〉 日本建築家協会
日本建築士会連合会
日本建築士事務所協会連合会
日本建設業連合会（以上、予定）

〈主旨〉

ここで取り上げる「ダンチ」は公営住宅や公団住宅（現UR住宅）の建ち並ぶ集合住宅団地である。

ダンチは戦災で疲弊したわが国の圧倒的な住宅不足（420万戸と言われる）を解決するための国家の重要な施策として生み出された。1950年の住宅金融公庫設立、1951年の公営住宅法の制定、1955年の日本住宅公団の設立が戦後の住宅政策の3本柱と言われるが、そのうちの2つ、公営住宅と公団住宅がダンチをもたらした主体である。

日本人の家族に（狭いながらも）きちんとした居場所を提供したのがダンチだったが、鍵のかかる住まい、洋式トイレや内風呂のある暮らし、ステンレス流し台、ダイニングキッチン、そういった全てが戦後民主主義社会のもたらした生活シンボルであり、社会の近代化の象徴として、社会に熱狂的に受け容れられた。

その後、1960年の所得倍増計画、1964年の東京オリンピックなどを契機として、日本経済は「テイクオフ」し高度経済成長期に突入した。1970年の大阪万博は社会変化を体験し、実感する場所だった。1973年には住宅建設は年間190万戸のピークを迎えるが、その年はオイルショックが日本社会を直撃した年でもあった。その後のバブル経済とその崩壊、ポストバブルの複合不況、人口減少と高齢化社会の到来……確かに日本は高度経済成長期を経て短期間に「先進国」のひとつに到達したかもしれないが、その代償として家族や共同体は大きく変容した。

今日、ダンチはどうなっているだろうか。

ダンチは畑地や雑木林を取り払って人工の浮島のように出現したが、今やダンチの周囲はすっかり宅地化あるいは都市化していて、緑の多いダンチはあたかも公園のように見える。ダンチの周囲には近隣住区理論に従って小学校が作られたが、少子化に伴い、多くの小学校は不要になった。団地内のショッピングセンターは、ダンチ住民はそこしか買物する場所がなかったので、物販も飲食も繁盛したが、それも今や過去の物語である……ダンチを単なる住宅地としてでなく、小さな都市あるいは小さな都市の一部と考えるなら、少子高齢化、空き家（空室）、シャッター街などの都市問題がダンチにもパラレルであること、そして多くの場合、ダンチでは都市以上に問題が顕在化していることがわかるだろう。君の周囲にもこういったダンチがあるのではないだろうか？　そういったダンチをよく観察し、デザイン思考することで、ダンチを社会の大きなストックとして捉え、その活用のための新しい提案を考えてもらうのがこの課題の趣旨である。

注1）「ダンチ」はいつから日本社会に受容されたのだろうか。「団地へのあこがれを再び」（朝日新聞2008年6月22日）には記事の冒頭に『1958年の流行語「団地族」』とある。「『青春の設計』（1952）から『燃えつきた地図』（1968）へ」（国際交流基金日本研究フェローセミナー、2018年9月20日）では、工学院大学客員研究員のジョン・リージャー氏と早稲田大学文学学術院教授の鳥羽耕史氏から、両映像作品の合間すなわち1952年から1968年の間に「団地」という語が市民権を得たのではないかという興味深い指摘があった。それは上述の新聞記事の1958年の流行語が団地族だったこととも呼応する。『青春の設計』ではあこがれの対象だった団地が、安部公房の世界ではすでに団地は匿名性をもった近代空間として描かれているのである。

注2）「団地」を「ダンチ」とカタカナ表記しているには理由がある。上述のリージャー氏もその一例だが、この頃「団地」に興味を持つ海外からの視点に出会うことがままある。日本人には古ぼけた住宅団地が、海外の目には、社会の近代化と近代建築のプロセスをストレートに表現した一種の近代化遺産として新鮮に映るようだ。"danchi"が"sushi"のように世界共通語として認知される日が来るかもしれないことを期待して、敢えてカタカナ表記を採用した次第である。

（審査委員長　渡辺　真理）

〈応募規程〉

A. 課題　ダンチを再考する

B. 条件
実在する団地（ダンチ）を計画対象に設定すること。デザイン提案は必ずしも現行の法規制と適合させる必要はないが、リアリティを感じさせるものであってほしい。

C. 提出物

(1) 応募申込書：記より応募申込書をダウンロードのうえ、必要事項を入力したものを印刷して下さい。
http://www.aij.or.jp/jpn/symposium/2019/compe.doc

(2) 計画案：下記1.～3.をA2サイズ2枚（420×594mm）に収めてください。模型写真等を自由に組み合わせ、わかりやすく表現してください。

1. 設計主旨（文字サイズは10ポイント以上とし、600字以内の文章にまとめる。）
2. 計画条件・計画対象の現状（図や写真等を用いて良い）
3. 配置図、平面図、断面図、立面図、透視図（縮尺明記のこと）

※用紙サイズは厳守。変形不可、2枚つなぎ合わせることは不可です。裏面には、No.1、No.2と番号を付けてください。仕上げは自由としますが、パネル、ボード類は使用しないでください。写真等を貼り付ける場合は剥落しないように注意してください。模型、ビデオ等は受け付けません。

(3) 作品名・設計主旨：「(2) 計画案」の作品名と設計主旨（図表、写真等は除く）を記載したものをA4判1枚に印刷してください。

(4) データ：下記1～4.をCDまたはDVD1枚に収めてください。
CDまたはDVDには、代表者の氏名と所属を明記してください。

1. 「(1) 応募申込書」のWordファイル
2. 「(2) 計画案」のA3サイズのPDFファイル（画質は350dpiを保持し、容量は100MB以内とする。）

3. 作品名および設計主旨の要約（200字以内）のテキストデータ
4. 顔写真（横4cm×縦3cm以内、顔が写っているものに限る。）

※ (4) は審査対象の資料としては使用せず、入選後に刊行される『2019年度日本建築学会設計競技優秀作品集』（技報堂出版）および『建築雑誌』11月号入選作品紹介の原稿として使用いたします。

D．注意事項

(1) 計画案および設計主旨の概要文用紙には、応募者の氏名・所属などがわかるようなものを記入してはいけません。

(2) 応募作品は、本人の作品でオリジナルな作品であること。

(3) 応募作品は、過去、現在申込み中のものも含めて、他の設計競技等に応募している作品（2重応募）、インターネット、出版物、その他のメディアで発表されたものは応募できません。

(4) 応募作品は、全国2次審査が終了するまで、あらゆるメディアでの発表を禁じます。

(5) 提出物は、返却致しません。必要な方は作品の控えと作品データを保管してください。

(6) 質疑は受け付けません。

(7) 応募要領に違反した場合は受賞を取り消すことがあります。

E．応募資格

本会個人会員（準会員を含む）、または会員のみで構成するグループとします。なお、同一代表名で複数の応募をすることはできません。

※未入会者、2019年度会費未納者ならびにその該当者が含まれるグループの応募は受け付けない。応募時までに入会および完納すること。

F．提出方法

(1) C.の提出物 (1) 〜 (4) を一括して提出してください。

(2) 応募作品は1案ごとに別々に提出してください。

(3) 締切期日：2019年6月17日（月）17：00必着

(4) 提出先：計画対象の所在地を所轄する本会各支部の事務局とします。例えば、関東支部所属の応募者が、東北支部所轄地域内に場所を設定した場合は東北支部へ提出してください。海外に場所を設定した場合は、応募者が所属する支部へ提出してください。

(5) 各支部事務局　所在地一覧

北海道支部
（北海道）
〒060-0004　札幌市中央区北4条西3丁目1
北海道建設会館6階
TEL.011-219-0702

東北支部
（青森、岩手、宮城、秋田、山形、福島）
〒980-0011　仙台市青葉区上杉1-5-15
日本生命仙台匂当台南ビル4階
TEL.022-265-3404

関東支部
（茨城、栃木、群馬、埼玉、千葉、東京、神奈川、山梨）
〒108-8414　東京都港区芝5-26-20
TEL.03-3456-2050

東海支部
（静岡、岐阜、愛知、三重）
〒460-0008　名古屋市中区栄2-10-19
名古屋商工会議所ビル9階
TEL.052-201-3088

北陸支部
（新潟、富山、石川、福井、長野）
〒920-0863　金沢市玉川町15-1
パークサイドビル3階
TEL.076-220-5566

近畿支部
（滋賀、京都、大阪、兵庫、奈良、和歌山）
〒550-0004　大阪市西区靱本町1-8-4
大阪科学技術センター内
TEL.06-6443-0538

中国支部
（鳥取、島根、岡山、広島、山口）
〒730-0052　広島市中区千田町3-7-47
広島県情報プラザ5階　広島県建築士会内
TEL.082-243-6605

四国支部
（徳島、香川、愛媛、高知）
〒782-0003　香美市土佐山田町宮ノ口185
高知工科大学地域連携棟201
TEL.0887-53-4858

九州支部
（福岡、佐賀、長崎、熊本、宮崎、大分、鹿児島、沖縄）
〒810-0001　福岡市中央区天神4-7-11
クレアビル5階
TEL.092-406-2416

G．審査方法

(1) 支部審査
各支部に集まった応募作品を支部ごとに審査し、応募数が15点以下は応募数の1/3程度、16〜20点は5点を支部入選とします。また、応募数が20点を超える分は、5点の支部入選作品に支部審査委員の判断により、応募数5点ごと（端数は切り上げ）に対し1点を加えた点数を上限として支部入選とします。

(2) 全国審査
支部入選作品をさらに本部に集め全国審査を行い、H項の全国入選作品を選出します。

1. 全国1次審査会（非公開）
全国2次審査進出作品のノミネートとタジマ奨励賞の決定。

2. 全国2次審査会（公開）
ノミネート者によるプレゼンテーションを実施し、その後に最終審査を行い、各賞と佳作を決定します。なお、代理によるプレゼンテーションは認めません（タジマ奨励賞のプレゼンテーションはありません）。
日時：2019年9月3日（火）
　　　10：00〜15：00
場所：金沢工業大学
　　　（大会会場：石川県野々市市扇が丘7-1）

※大会参加費、旅費等の費用負担は一切いたしません。

●プログラム（予定）
10：00〜開場
10：15〜12：00
ノミネート者によるプレゼンテーション（発表時間8分間／PCプロジェクターは主催者側で用意します。パソコン等は各自で用意してください。）
13：00〜15：00　公開審査
16：15〜17：00　表彰式

*プログラムは、大会スケジュールにより
　時間が多少前後する場合があります。

(3) 審査員 （敬称略順不同）

〈全国審査員〉

審査委員長

渡辺　真理（法政大学教授）

審　査　員

大月　敏雄（東京大学教授）

小林　　光（東北大学准教授）

井関　和朗（団地研究所代表）

本江　正茂（東北大学准教授）

前田　茂樹（ジオ-グラフィック・デザイン・
　　　　　　ラボ）

平山　文則（岡山理科大学教授）

〈支部審査員〉

●北海道支部

山田　　良（札幌市立大学教授）

赤坂真一郎（アカサカシンイチロウアトリエ
　　　　　　代表取締役）

久野　浩志（久野浩志建築設計事務所代表）

小西　彦仁（ヒココニシアーキテクチュア
　　　　　　代表取締役）

山之内裕一（山之内建築研究所代表）

●東北支部

小林　　仁（仙台高等専門学校教授）

小地沢将之（宮城大学准教授）

菅原麻衣子（she | design and research
　　　　　　office主宰）

飛ヶ谷潤一郎（東北大学准教授）

馬渡　　龍（八戸高等専門学校准教授）

●関東支部

馬場　兼伸（B2Aarchitects）

楠木　賢一（安井建築設計事務所設計部長）

有吉　　匡（梓設計常務取締役執行役員
　　　　　　アーキテクト部門代表）

菅原　大輔（SUGAWARADAISUKE
　　　　　　建築事務所代表取締役）

田村　圭介（昭和女子大学准教授）

●東海支部

安井　秀夫（愛知工業大学教授）

橋本　雅好（椙山女学園大学准教授）

平野　章博（日建設計設計部門設計部主管）

丹羽　哲矢（clublab代表）

木下　誠一（三重短期大学教授）

●北陸支部

熊澤　栄二（石川工業高等専門学校准教授）

棒田　　恵（新潟大学助教）

光田　　章（富山県建築住宅センター専務理事）

宮下　智裕（金沢工業大学准教授）

高嶋　　猛（高嶋建築研究所代表）

佐倉　弘祐（信州大学助教授）

●近畿支部

臼井　明夫（鴻池組設計本部建築設計第1
　　　　　　部部長）

梅田　善愛（竹中工務店大阪本店設計第7部長）

楠　　敦士（安井建築設計事務所部長）

末包　伸吾（神戸大学教授）

松原　茂樹（大阪大学准教授）

●中国支部

岩本　弘光（岡山県立大学教授）

岡河　　貢（広島大学准教授）

小川　晋一（近畿大学教授）

村上　　徹（村上徹建築設計事務所主宰）

岡松　道雄（山口大学教授）

●四国支部

佐藤　昌平（佐藤昌平建築研究所主宰）

中川　俊博（中川建築デザイン室代表取締役）

徳弘　忠純（徳弘・松澤建築事務所共同主宰）

松浦　　洋（松浦設計代表取締役）

●九州支部

鵜飼　哲矢（九州大学准教授）

小林　省三（大隅家守舎取締役）

柴田　　建（大分大学准教授）

福田　展淳（北九州市立大学教授）

松野尾仁美（九州産業大学准教授）

H. 賞および発表

(1) 賞

1. 支部入選者：支部長より賞状および
　賞牌を贈ります（ただし、全国入選
　者・タジマ奨励賞は除く）。

2. 全国入選者：次のとおりとします
　（合計12点以内）。

●最優秀賞：2点以内
　　　　　賞状・賞牌・賞金（計100万円）

●優　秀　賞：数点
　　　　　賞状・賞牌・賞金（各10万円）

●佳　　　作：数点
　　　　　賞状・賞牌・賞金（各5万円）

3. タジマ奨励賞：10点以内
　賞状・賞牌・賞金（各10万円）
　（タジマ奨励賞は、タジマ建築教育振興基
　金により、支部入選作品の中から、準会員
　の個人またはグループを対象に授与します。）

(2) 入選の発表

1. 入選の発表

・支部審査の結果：各支部より応募者に通
　知（8/6以降予定）

・全国審査の結果：支部入選者には、全国
　1次審査結果を8月上旬に通知

・全国入選作品・審査講評：『建築雑誌』
　2019年11月号誌上発表

・全国入選作品展示：大会会場にて展示

2. 支部入選者賞の贈呈：各支部による。
　全国入選者表彰式：9月3日（火）
　金沢工業大学（大会会場）

I. 著作権

　入選作品の著作権は、入選者に帰属しま
す。ただし、建築学会及び建築学会が委託
したものが、この事業の主旨に則して入選作
品を会誌またはホームページへの掲載、紙
媒体出版物（オンデマンド出版を含む）及び
電子出版物（インターネット等を利用し公衆
に送信することを含む）、展示などでの公表
等に用いる場合、入選者は無償で作品デー
タ等の利用を認めることとします。

J. 問合せ（本部・支部事務局）

日本建築学会　各支部事務局
　　　　　　　設計競技担当（F (5) 参照）

日本建築学会　本部事務局　設計競技担当
〒108-8414 東京都港区芝5-26-20
TEL.03-3456-2056

●優秀作品集について

全国入選・支部入選作品は『日本建築学
会設計競技優秀作品集』（技報堂出版）に収録
し刊行されます。過去の作品集も、設計の
参考としてご活用ください。

＜過去5年の課題＞

・2018年度
　「住宅に住む、そしてそこで稼ぐ」

・2017年度
　「地域の素材から立ち現れる建築」

・2016年度
　「残余空間に発見する建築」

・2015年度
　「もう一つのまち・もう一つの建築」

・2014年度
　「建築のいのち」

＜詳細・販売＞

技報堂出版　http://gihodobooks.jp/

2019年度設計競技
入選者・応募数一覧

■全国入選者一覧

賞	会員	代表	制作者	所属	支部
最優秀賞	正会員	○	中山真由美	名古屋工業大学	東海
最優秀賞	正会員	○	大西 琴子	神戸大学	近畿
	〃		郭 宏阳	神戸大学	
	〃		宅野 蒼生	神戸大学	
優秀賞	正会員	○	吉田 智裕	東京理科大学	関東
	〃		倉持 翔太	東京理科大学	
	準会員		高橋 駿太	東京理科大学	
	正会員		長谷川千眞	東京理科大学	
優秀賞	準会員	○	高橋 朋	日本大学	関東
	〃		鈴木 俊策	日本大学	
	〃		増野 亜美	日本大学	
	正会員		渡邉健太郎	日本大学	
優秀賞	正会員	○	中倉 俊	神戸大学	近畿
	〃		植田 実香	神戸大学	
	〃		王 憶伊	神戸大学	
優秀賞	正会員	○	河野賢之介	熊本大学	九州
	〃		鎌田 蒼	熊本大学	
	〃		正宗 尚馬	熊本大学	
佳作	正会員	○	野口 翔太	室蘭工業大学	北海道
	〃		浅野 樹	室蘭工業大学	
	準会員		川去 健翔	室蘭工業大学	
佳作	正会員	○	根本 一希	日本大学	関東
	〃		勝部 秋高	日本大学	
佳作	正会員	○	竹内 宏輔	名古屋大学	東海
	〃		植木 柚花	名古屋大学	
	〃		久保 元広	名古屋大学	
	〃		児玉 由衣	名古屋大学	
佳作 タジマ奨励賞	準会員	○	服部 秀生	愛知工業大学	近畿
	〃		市村 達也	愛知工業大学	
	〃		伊藤 謙	愛知工業大学	
	〃		川尻 幸希	愛知工業大学	
佳作 タジマ奨励賞	準会員	○	繁野 雅哉	愛知工業大学	九州
	〃		石川 竜暉	愛知工業大学	
	〃		板倉 知也	愛知工業大学	
	〃		若松 幹丸	愛知工業大学	
佳作	正会員	○	原 良輔	九州大学	九州
	〃		荒木 俊輔	九州大学	
	〃		宋 萍	九州大学	
	〃		程 志	九州大学	
	〃		山根 僚太	九州大学	

■タジマ奨励賞入選者一覧

賞	会員	代表	制作者	所属	支部
タジマ奨励賞	準会員	○	山下 耕生	早稲田大学	関東
	〃		宮嶋 雛衣	早稲田大学	
タジマ奨励賞	準会員	○	大石 展洋	日本大学	関東
	〃		小山田駿志	日本大学	
	〃		中村 美月	日本大学	
	〃		渡邉 康介	日本大学	
タジマ奨励賞	準会員	○	伊藤 拓海	日本大学	関東
	〃		古田 宏大	日本大学	
	〃		横山 喜久	日本大学	
タジマ奨励賞	準会員	○	宮本 一平	名城大学	東海
	〃		岡田 和浩	名城大学	
	〃		水谷 匠磨	名城大学	
	〃		森 祐人	名城大学	
	〃		和田 保裕	名城大学	
タジマ奨励賞	準会員	○	皆戸中秀典	愛知工業大学	北陸
	〃		大竹 浩夢	愛知工業大学	
	〃		栗原 峻	愛知工業大学	
	〃		小出 里咲	愛知工業大学	
タジマ奨励賞	準会員	○	三浦 萌子	熊本大学	九州
	〃		玉木 蒼乃	熊本大学	
	〃		藤田 真衣	熊本大学	
タジマ奨励賞	準会員	○	小島 宙	豊橋技術科学大学	九州
	〃		Batzorig Sainbileg	豊橋技術科学大学	
	〃		安元 春香	豊橋技術科学大学	
タジマ奨励賞	準会員	○	山本 航	熊本大学	九州
	〃		岩田 冴	熊本大学	

■支部別応募数、支部選数、全国選数

支 部	応募数	支部入選	全国入選	タジマ奨励賞
北海道	13	4	佳 作1	
東 北	14	5		
関 東	58	13	優秀賞2 佳 作1	3
東 海	20	5	最優秀賞1 佳 作1	1
北 陸	12	4		1
近 畿	39	9	最優秀賞1 優秀賞1 佳 作1	1
中 国	20	5		
四 国	3	1		
九 州	60	13	優秀賞1 佳 作2	4
合 計	239	59	12	10

日本建築学会設計競技
事業概要・沿革

　1889（明治22）年、帝室博物館を通じての依頼で「宮城正門やぐら台上銅器の意匠」を募集したのが、学会最初の設計競技である。

　はじめて学会が主催で催したものは、1906（明治39）年の「日露戦役記念建築物意匠案懸賞募集」である。

　その後しばらく外部からのはたらきかけによるものが催された。

　1929（昭和4）年から建築展覧会（第3回）の第2部門として設計競技を設け、若い会員の登竜門とし、1943（昭和18）年を最後に戦局悪化で中止となるまで毎年催された。これが現在の前身となる。

　戦後になって支部が全国的に設けられ、1951（昭和26）年に関東支部が催した若い会員向けの設計競技に全国から多数応募があったことがきっかけで、1952（昭和27）年度から本部と支部主催の事業として、会員の設計技能練磨を目的とした設計競技が毎年恒例で催されている。

　この設計競技は、第一線で活躍されている建築家が多数入選しており、建築家を目指す若い会員の登竜門として高い評価を得ている。

日本建築学会設計競技／1952年〜2018年
課題と入選者一覧

順位	氏　名	所　属
●1952	防火建築帯に建つ店舗付共同住宅	
1等	伊藤　清	成和建設名古屋支店
2等	工藤隆昭	竹中工務店九州支店
3等	大木康次	郵政省建築部
	広瀬一良	中建築設計事務所
	広谷嘉秋	〃
	梶田　丈	〃
	飯岡重雄	清水建設北陸支店
	三谷昭男	京都府建築部
●1953	公民館	
1等	宮入　保	早稲田大学
2等	柳　真也	早稲田大学
	中田清兵衛	早稲田大学
	桝本　賢	〃
	伊橋戍義	〃
3等	鈴木喜久雄	武蔵工業大学
	山田　篤	愛知県建築部
	船橋　巌	大林組
	西尾武史	〃
●1954	中学校	
1等	小谷喬之助	日本大学
	高橋義明	〃
	右田　宏	〃
2等 (1席)	長倉康彦	東京大学
	船越　徹	〃
	太田利彦	〃
	守屋秀夫	〃
	鈴木成文	〃
	筧　和夫	〃
	加藤　勉	〃
(2席)	伊藤幸一	清水建設大阪支店
	稲葉歳明	〃
	木村康彦	〃
	木下晴夫	〃
	讃岐捷一郎	〃
	福井弘明	〃
	宮武保義	〃
	森　正信	〃
	力武利夫	〃
	若野暢三	〃
3等 (1席)	相田祐弘	坂倉建築事務所
	桝本　賢	日銀建築部
(2席)	森下祐良	大林組本店
(3席)	三宅隆幸	伊藤建築事務所
	山本晴生	横河工務店
	松原成元	横浜市役所営繕課
●1955	小都市に建つ小病院	
1等	山本俊介	清水建設本社
	高橋精一	〃
	高野重文	〃
	寺本俊彦	〃
	間宮昭朗	〃
2等 (1席)	浅香久春	建設省営繕局
	柳沢　保	〃
	小林　彰	〃
	杉浦　進	〃
	高野　隆	〃
	大久保欽之助	〃
	甲木康男	〃
	寺畑秀夫	〃
	中村欽哉	〃
(2席)	野中　卓	野中建築事務所
3等 (1席)	桂　久男	東北大学
	坂田　泉	〃
	吉目木幸	〃
	武田　晋	〃
	松本啓俊	〃
	川股重也	〃

順位	氏　名	所　属
	星　達雄	東北大学
(2席)	宇野　茂	鉄道会館技術部
(3席)	稲葉歳明	清水建設大阪支店
	宮武保義	〃
	木下晴雄	〃
	讃岐捷一郎	〃
	福井弘明	〃
	森　正信	〃
●1956	集団住宅の配置計画と共同施設	
入選	磯崎　新	東京大学
	奥平耕造	前川國男建築設計事務所
	川上秀光	東京大学
	冷牟田純二	横浜市役所建築局
	小原　誠	電電公社建築局
	太田隆信	早稲田大学
	藤井博巳	〃
	吉川　浩	〃
	渡辺　満	〃
	岡田新一	東京大学
	土肥博至	〃
	前田尚美	〃
	鎌田恭男	大阪市立大学
	斎藤和夫	〃
	寺内　信	京都工芸繊維大学
●1957	市民体育館	
1等	織田愈史	日建設計工房名古屋事務所
	根津耕一郎	〃
	小野ゆみ子	〃
2等	三橋千悟	渡辺西郷設計事務所
	宮入　保	佐藤武夫設計事務所
	岩井洞一	梓建築事務所
	岡部幸蔵	日建設計名古屋事務所
	鋤納忠治	〃
	高橋　威	〃
3等	磯山　元	松田平田設計事務所
	青木安治	〃
	五十住明	〃
	太田昭三	清水建設九州支店
	大場昌弘	〃
	高田　威	大成建設大阪支店
	深谷浩一	〃
	平田泰次	〃
	美野吉昭	〃
●1958	市民図書館	
1等	佐藤　仁	国会図書館建築部
	栗原嘉一郎	東京大学
2等 (1席)	入部敏幸	電電公社建築局
	小原　誠	〃
(2席)	小坂隆次	大阪市建築局
	佐川嘉弘	〃
3等 (1席)	溝端利美	鴻池組名古屋支店
(2席)	小玉武司	建設省営繕局
(3席)	青山謙一	潮建築事務所
	山岸文男	〃
	小林美夫	日本大学
	下妻　力	佐藤建築事務所
●1959	高原に建つユース・ホステル	
1等	内藤徹男	大阪市立大学
	多胡　進	〃
	進藤汎海	〃
	富田寛志	奥村組
2等 (1席)	保坂陽一郎	芦原建築設計事務所
(2席)	沢田隆夫	芦原建築設計事務所

93

順位	氏 名	所 属
3等(1席)	太田隆信	坂倉建築事務所
(2席)	酒井蔚聿	名古屋工業大学
(3席)	内藤徹男	大阪市立大学
	多胡 進	〃
	進藤汎海	〃
	富田寛志	奥村組

●1960　ドライブインレストラン

順位	氏 名	所 属
1等	内藤徹男	山下寿郎設計事務所
	斎藤英彦	〃
	村尾成文	〃
2等(1席)	小林美夫	日本大学理
	若色峰郎	
(2席)	太田邦夫	東京大学
3等(1席)	秋岡武男	大阪市立大学
	竹原八郎	〃
	久門勇夫	〃
	藤田昌美	〃
	溝神宏至朗	〃
	結崎東衛	〃
(2席)	沢田隆夫	芦原建築設計事務所
(3席)	浅見欣司	永田建築事務所
	小高鎮夫	白石建築
	南迫哲也	工学院大学
	野浦 淳	宮沢・野浦建築事務所

●1961　多層車庫（駐車ビル）

順位	氏 名	所 属
1等	根津耕一郎	東畑建築事務所
	小松崎常夫	
2等(1席)	猪狩達夫	菊竹清訓建築事務所
	高田光雄	長沼純一郎建築事務所
	土谷精一	住金鋼材
(2席)	上野斌	広瀬鎌二建築設計事務所
3等(1席)	能勢次郎	大林組
	中根敏彦	
(2席)	丹田悦雄	日建設計工務
(3席)	千原久史	文部省施設部福岡工事事務所
	古賀新吾	
(4席)	篠儀久雄	竹中工務店名古屋支店
	高楠直夫	〃
	平内祥夫	〃
	坂井勝次郎	〃
	伊藤志郎	〃
	田坂邦夫	〃
	岩渕淳次	〃
	桜井洋雄	〃

●1962　アパート（工業化を目指した）

順位	氏 名	所 属
1等	大江幸弘	大阪建築事務所
	藤田昌美	
2等(1席)	多賀修三	中央鉄骨工事
(2席)	青木 健	九州大学
	桑本 洋	〃
	鈴木雅夫	〃
	弘永直康	〃
	古野 強	〃
3等(1席)	大沢辰夫	日本住宅公団
(2席)	茂木謙悟	九州大学
	柴田弘光	九州大学
	岩尾 襄	〃
(3席)	高橋博久	名古屋工業大学

●1963　自然公園に建つ国民宿舎

順位	氏 名	所 属
1等	八木沢壮一	東京都立大学
	戸口靖夫	〃
	大久保全陸	〃

順位	氏 名	所 属
2等(1席)	若色峰郎	日本大学
	秋元和雄	清水建設
	筒井英雄	カトウ設計事務所
	津路次朗	日本大学
(2席)	上塘洋一	西村設計事務所
	松山岩雄	白川設計事務所
	西村 武	吉江設計事務所
3等(1席)	竹内 皓	三菱地所
	内川正人	
(2席)	保坂陽一郎	芦原建築設計事務所
(3席)	林 魏	石本建築事務所

●1964　国内線の空港ターミナル

順位	氏 名	所 属
1等	小松崎常夫	大江宏建築事務所
2等(1席)	山中一正	梓建築事務
(2席)	長島茂己	明石建築設計事務所
3等(1席)	渋谷 昭	建築創作連合
	渋谷義宏	〃
	中村金治	〃
	清水英雄	〃
(2席)	鈴木弘志	建設省営繕局
(3席)	坂巻弘一	大成建設
	高橋一躬	〃
	竹内 皓	三菱地所

●1965　温泉地に建つ老人ホーム

順位	氏 名	所 属
1等	松田武治	鹿島建設
	河合喬史	
	南 和正	
2等(1席)	浅井光広	白川建築設計事務所
	松崎 稔	
	河西 猛	
(2席)	森 惣介	東鉄管理局施設部
	岡田俊夫	国鉄本社施設局
	白井正義	東鉄管理局施設部
	渡辺了策	国鉄本社施設局
3等(1席)	村井 啓	横総合計画事務所
	福沢健次	〃
	志田 巌	
	渡辺泰男	千葉大学
(2席)	近藤 繁	日建設計工務
	田村 清	〃
	水嶋勇郎	〃
	芳谷勝瀾	〃
(3席)	森 史夫	東京工業大学

●1966　農村住宅

順位	氏 名	所 属
1等	鈴木清史	小崎建築設計事務所
	野呂恒二	林・山田・中原設計同人
	山田尚義	匠設計事務所
2等(1席)	竹内 耕	明治大学
	大吉春雄	下元建築事務所
	椎名 茂	
(2席)	田村 光	中山克巳建築設計事務所
	倉光昌彦	
3等(1席)	三浦紀之	磯崎新アトリエ
	高山芳彦	関東学院大学
(2席)	増野 暁	竹中工務店
	井口勝文	
(3席)	田良島昭	鹿児島大学

●1967　中都市に建つバスターミナル

順位	氏 名	所 属
1等	白井正義	東京鉄道管理局
	深沢健二	国鉄東京工事局
	柳下 計	東京鉄道管理局
	清水俊克	国鉄東京工事局
	四日幹庸	東京鉄道管理局

順位	氏 名	所 属
	保坂時雄	国鉄東京工事局
	早川一武	
	竹谷一夫	東京鉄道管理局
	野原明彦	国鉄東京工事局
	高本 司	東京鉄道管理局
	森 惣介	国鉄東京工事局
	渡辺了策	
	坂井敬次	
2等(1席)	安田丑作	神戸大学
(2席)	白井正義 他12名1等入選者と同じ	東京鉄道管理局
3等(1席)	平 昭男	平建築研究所
(2席)	古賀宏右	清水建設九州支店
	矢野彰夫	〃
	清原 暢	〃
	紀田兼武	〃
	中野俊章	〃
	城島嘉八郎	〃
	木梨良彦	〃
	梶原 順	〃
(3席)	唐沢昭夫	芝浦工業大学助手
	畑 聰一	芝浦工業大学
	有坂 勝	〃
	平野 周	〃
	鈴木誠司	〃

●1968　青年センター

順位	氏 名	所 属
1等	菊地大麓	早稲田大学
2等(1席)	長峰 章	東洋大学助手
	長谷部浩	東洋大学
(2席)	坂野醇一	日建設計工務名古屋事務所
3等(1席)	大橋晃一	東京理科大学助手
	大橋二朗	東京理科大学
(2席)	柳村敏彦	教育施設研究所
(3席)	八木幸二	東京工業大学

●1969　郷土美術館

順位	氏 名	所 属
入選	気賀沢俊之	早稲田大学
	割田正雄	〃
	後藤直道	
	小林勝由	丹羽英二建築事務所
	冨士覇玉	清水建設名古屋支店
	和久昭夫	桜井事務所
	楓 文夫	安宅エンジニアリング
	若宮淳一	
	実崎弘司	日本大学
	道本裕忠	大成建設本社
	福井敬之輔	大成建設名古屋支店
	佐藤 護	大成建設新潟支店
	橋本文隆	芦原建築設計研究所
	田村真一	武蔵野美術大学

●1970　リハビリテーションセンター

順位	氏 名	所 属
入選	阿部孝治	九州大学
	伊集院豊麿	〃
	江上 徹	〃
	竹下秀俊	〃
	中溝信之	〃
	林 俊生	〃
	本田昭四	九州大学助手
	松永 豊	九州大学
	土田裕康	東京都立田無工業高校
	松本信孝	
	岩渕昇二	工学院大学
	佐藤憲一	中野区役所建設部
	坪山幸生	日本大学
	杉浦定雄	アトリエ・K

順位	氏　名	所　属
	伊沢　岬	日本大学
	江中伸広	〃
	坂井建正	〃
	小井義信	アトリエ・K
	吉田　諄	〃
	真鍋勝利	日本大学
	田代太一	〃
	仲村澄夫	〃
	光崎俊正	岡建築設計事務所
	宗像博道	鹿島建設
	山本敏夫	〃
	森田芳憲	三井建設

●1971　小学校

順位	氏　名	所　属
1等	岩井光男	三菱地所
	鳥居和茂	西原研究所
	多田公昌	ヨコテ建築事務所
	芳賀孝和	和田設計コンサルタント
	寺田晃光	三愛石油
	大柿陽一	日本大学
2等	栗生　明	早稲田大学
	高橋英二	〃
	渡辺吉章	〃
	田中那華男	井上久雄建築設計事務所
3等	西川禎一	鹿島建設
	天野喜信	〃
	山口　等	〃
	渋谷外志子	〃
	小林良雄	芦原建築設計研究所
	井上　信	千葉大学
	浮々谷啓悟	〃
	大泉研二	〃
	清田恒夫	〃

●1972　農村集落計画

順位	氏　名	所　属
1等	渡辺一二	創造社
	大極利明	〃
	村山　忠	SARA工房
2等(1席)	藤本信義	東京工業大学
	楠本侑司	〃
	藍沢　宏	〃
	野原　剛	〃
(2席)	成富善治	京都大学
	町井　充	〃
3等(1席)	本田昭四	九州大学助手
	井手秀一	九州大学
	樋口栄作	〃
	林　俊生	〃
	近藤芳男	〃
	日野　修	〃
	伊集院豊麿	〃
	竹下輝和	〃
(2席)	米津兼男	西尾建築設計事務所
	佐川秀雄	工学院大学
	大町知之	〃
	近藤英雄	〃
(3席)	三好庸隆	大阪大学
	中原文雄	〃

●1973　地方小都市に建つコミュニティーホスピタル

順位	氏　名	所　属
1等	宮城千城	工学院大学助手
	石渡正行	工学院大学
	内野　豊	〃
	梶本実乗	〃
	天野憲二	〃
	小林正孝	〃
	三好　薫	〃
2等(1席)	高橋公雄	RG工房
	宝田昌秀	〃
	岩崎成義	〃
	加瀬幸次	〃

順位	氏　名	所　属
	内田久雄	RG工房
	安藤輝男	〃
(2席)	深谷俊則	UA都市・建築研究所
	込山俊二	山下寿郎設計事務所
	高村慶一郎	UA都市・建築研究所
3等(1席)	井手秀一	九州大学
	上和田茂	〃
	竹下輝和	〃
	日野　修	〃
	梶山喜一郎	〃
	永富　誠	〃
	松下隆太	〃
	村上良知	〃
	吉村直樹	〃
(2席)	山本育三	関東学院大学
(3席)	大町知之	工学院大学
	米津兼男	〃
	佐川秀雄	毛利建築設計事務所
	近藤英雄	工学院大学

●1974　コミュニティスポーツセンター

順位	氏　名	所　属
1等	江口　潔	千葉大学
	斎藤　実	〃
2等(1席)	佐野原二	藍建築設計センター
(2席)	渡上和則	フジタ工業設計部
3等(1席)	津路次朗	アトリエ・K
	杉浦定雄	〃
	吉田　諄	〃
	真鍋勝利	〃
	坂井建正	〃
	田中重光	〃
	木田　俊	〃
	斎藤祐子	〃
	阿久津裕幸	〃
(2席)	神長一郎	SPACE DESIGN PRODUCE SYSTEM
(3席)	日野一男	日本大学
	連川正徳	〃
	常川芳男	〃

●1975　タウンハウス―都市の低層集合住宅

順位	氏　名	所　属
1等	該当者なし	
2等	毛井正典	芝浦工業大学
	伊藤和範	早稲田大学
	石川俊治	日本国土開発
	大島博明	千葉大学
	小室克夫	〃
	田中二郎	〃
	藤倉　真	〃
3等	衣袋洋一	芝浦工業大学
	中西義和	三貴土木設計事務所
	森岡秀幸	国土工営
	永友秀人	R設計社
	金子幸一	三貴土木設計事務所
	松田福和	奥村組本社

●1976　建築資料館

順位	氏　名	所　属
1等	佐藤元昭	奥村組
2等	田中康勝	芝浦工業大学
	和田法正	〃
	香取光夫	〃
	田島英夫	〃
	福沢　清	〃
	功刀　強	〃
3等	伊沢　岬	日本大学助手
	大野　豊	日本大学
	笠間康雄	〃
	柿本人司	〃
	佐藤洋一	〃

順位	氏　名	所　属
	高橋鎮男	日本大学
	場々洋介	〃
	入江敏郎	〃
	功刀　強	芝浦工業大学
	田島英夫	〃
	福沢　清	〃
	和田法正	〃
	香取光夫	〃
	田中康勝	〃
	坂口　修	鹿島建設
	平田典千	〃
	山田嘉朗	東北大学
	大西　誠	〃
	松元隆平	〃

●1977　買物空間

順位	氏　名	所　属
1等	湯山康樹	早稲田大学
	小田恵介	〃
	南部　真	〃
2等	堀田一平	環境企画G
	藤井敏信	早稲田大学
	柳田良造	〃
	長谷川正充	〃
	松本靖男	〃
	井上赫郎	首都圏総合計画研究所
	工藤秀美	〃
	金田　弘	環境企画G
	川名俊郎	工学院大学
	林　俊司	〃
	渡辺　暁	〃
3等	菅原尚史	東北大学
	高坂憲治	〃
	千葉琢夫	〃
	森本　修	〃
	山田博人	〃
	長谷川章	早稲田大学
	細川博彰	工学院大学
	露木直己	日本大学
	大内宏友	〃
	永徳　学	〃
	高瀬正二	〃
	井上清春	工学院大学
	田中正裕	〃
	半貫正治	工学院大学

●1978　研修センター

順位	氏　名	所　属
1等	小石川正男	日本大学短期大学
	神波雅明	高岡建築事務所
	乙坂雅広	日本大学
	永池勝範	鈴喜建設設計
	篠原則夫	日本大学
	田中光義	〃
2等	水島　宏	熊谷組本社
	本田征四郎	〃
	藤吉　恭	〃
	桜井経温	〃
	木野隆信	〃
	若松久雄	鹿島建設
3等	武馬　博	ウシヤマ設計研究室
	持田満輔	芝浦工業大学
	丸田　睦	〃
	山本園子	〃
	小田切利栄	〃
	佐々木勤	〃
	田島　肇	〃
	飯島　宏	〃
	田島英夫	加藤アトリエ
	後藤伸一	前川國男建築設計事務所
	東原克行	〃
	田中隆吉	竹中工務店東京支店

●1979 児童館

順位	氏名	所属
1等	倉本脚介	フジタ工業
	福島節男	〃
	岸原芳人	〃
	杉山栄一	〃
	小泉直久	〃
	小久保茂雄	〃
2等	西沢鉄雄	早稲田大学専門学校
	青柳信子	〃
	秋田宏行	〃
	尾登正典	〃
	斎藤民樹	〃
	坂本俊一	〃
	新井一治	関西大学
	山本孝之	〃
	村田直人	〃
	早瀬英雄	〃
	芳村隆史	〃
3等	中園真人	九州大学
	川島豊	〃
	永松由教	〃
	入江謙吾	〃
	小吉泰彦	九州大学
	三橋徹	〃
	山越幸子	〃
	多田善昭	斉藤孝建築設計事務所
	溝口芳典	香川県観音寺土木事務所
	真鍋一伸	富士建設
	柳川恵子	斉藤孝建築設計事務所

●1980 地域の図書館

順位	氏名	所属
1等	三橋徹	九州大学
	吉田寛史	〃
	内村勉	〃
	井上誠	〃
	時政康司	〃
	山野善郎	〃
2等(1席)	若松久雄	鹿島建設
(2席)	塚ノ目栄寿	芝浦工業大学
	山下高二	〃
	山本園子	〃
3等(1席)	布袋洋一	芝浦工業大学
	船山信夫	〃
	栗田正光	〃
(2席)	森一彦	豊橋技術大学
	梶原雅也	〃
	高村誠人	〃
	市村弘	〃
	藤島和博	〃
	長村寛行	〃
(3席)	佐々木厚司	京都工芸繊維大学
	野口道男	〃
	西村正裕	〃

●1981 肢体不自由児のための養護学校

順位	氏名	所属
1等	野久尾尚志	地域計画設計
	田畑邦男	
2等(1席)	井上誠	九州大学
	磯野祥子	〃
	滝山作	〃
	時政康司	〃
	中村隆明	〃
	山野善郎	〃
	鈴木義弘	〃
(2席)	三川比佐人	清水建設
	黒田和彦	〃
	中島晋一	〃
	馬場弘一郎	〃
	三橋徹	〃
	吉田博	〃

順位	氏名	所属
3等(1席)	川元茂	九州大学
	郡明宏	〃
	永島潮	〃
	深野木信	〃
(2席)	畠山和幸	住友建設
(3席)	渡辺富雄	日本大学
	佐藤日出夫	〃
	中川龍吾	〃
	本間博之	〃
	馬場律也	〃

●1982 地場産業振興のための拠点施設

順位	氏名	所属
1等	城戸崎和佐	芝浦工業大学
	大崎閣男	〃
	木村雅一	〃
	進藤憲治	〃
	宮本秀二	〃
2等	佐々木聡	東北大学
	小沢哲三	〃
	小坂高志	〃
	杉山丞	〃
	鈴木秀俊	〃
	三嶋志郎	〃
	山田真人	〃
	青木修一	工学院大学
3等	出田肇	創設計事務所
	大森正夫	京都工芸繊維大学
	黒田智子	〃
	原浩一	〃
	鷹村暢子	〃
	日高章	〃
	岸本和久	京都工芸繊維大学
	岡田明浩	〃
	深野木信	九州大学
	大津博幸	〃
	川崎光敏	〃
	川島浩孝	〃
	仲江肇	〃
	西洋一	〃

●1983 国際学生交流センター

順位	氏名	所属
1等	岸本広久	京都工芸繊維大学
	柴田厚	〃
	藤田泰広	〃
2等	吉岡栄一	芝浦工業大学
	佐々木和子	〃
	照沼博志	〃
	大野幹雄	〃
	糟谷浩史	京都工芸繊維大学
	鷹村暢子	〃
	原浩一	〃
3等	森田達志	工学院大学
	丸山正仁	工学院大学
	深野木信	九州大学
	川崎光敏	〃
	高須芳史	〃
	中村孝至	〃
	長嶋洋子	〃
	ウ・ラタン	〃

●1984 マイタウンの修景と再生

順位	氏名	所属
1等	山崎正史	京都大学助手
	浅川滋男	京都大学
	千葉道也	〃
	八木雅夫	〃
	リッタ・サラスティエ	〃
	金竜河	〃
	カテリナ・メグミ・ナバミネ	〃
	曽野泰行	〃
	若松準	〃
2等	宗平真澄	関西大学
	近宮健一	〃

順位	氏名	所属
	池田泰彦	九州芸術工科大学
	米永優子	〃
	塚原秀典	〃
	上田俊三	〃
	応地丘子	〃
	梶原美樹	〃
3等	大野泰史	鹿島建設
	伊藤吉和	千葉大学
	金秀吉	〃
	小林一雄	〃
	堀江隆	〃
	佐藤基一	〃
	須永浩邦	〃
	神尾幸伸	関西大学
	宮本昌彦	〃

●1985 商店街における地域のアゴラ

順位	氏名	所属
1等	元氏誠	京都工芸繊維大学
	新田晃尚	〃
	浜村哲朗	〃
2等	栗原忠一郎	連合設計栗原忠建築設計事務所
	大成二信	〃
	千葉道也	京都大学
	増井正哉	〃
	三浦英樹	〃
	カテリナ・メグミ・サガネ	〃
	岩松準	〃
	曽野泰行	〃
	金浩哲	〃
	太田潤	〃
	大守昌利	〃
	大倉克仁	〃
	加茂みどり	〃
	川村豊	〃
	黒木俊正	〃
	河本潔	〃
3等	藤沢伸佳	日本大学
	柳泰彦	〃
	林和樹	〃
	田崎祐生	京都大学
	川人洋志	〃
	川野博義	〃
	原哲也	〃
	八木康夫	〃
	和田淳	〃
	小谷邦夫	〃
	上田嘉之	〃
	小路直彦	関西大学
	家田知明	〃
	松井誠	〃

●1986 外国に建てる日本文化センター

順位	氏名	所属
1等	松本博樹	九州芸術工科大学
	近藤英夫	〃
2等(特別賞)	キャロリン・ディナス	オーストラリア
2等	宮宇地一彦	法政大学講師
	丸山茂生	早稲田大学
	山下英樹	〃
3等	グウウン・タン	オーストラリア
	アスコール・ピーターソンズ	
	高橋喜人	早稲田大学
	杉浦友哉	早稲田大学
	小林達也	日本大学
	小川克己	〃
	佐藤信治	〃

●1987 建築博物館

順位	氏名	所属
1等	中島道也	京都工芸繊維大学
	神津昌哉	〃
	丹羽喜裕	〃

順位	氏 名	所 属
	林　秀典	京都工芸繊維大学
	奥　佳弥	〃
	関井　徹	〃
	三島久範	〃
2等(1席)	吉田敏一	東京理科大学
(2席)	川北健雄	大阪大学
	村井　貢	〃
	岩田尚樹	〃
3等	工藤信啓	九州大学
	石井博文	〃
	吉田　勲	〃
	大坪真一郎	〃
	當間　卓	日本大学
	松岡辰郎	〃
	氏家　聡	〃
	松本博樹	九州芸術工科大学
	江島嘉祐	〃
	坂原裕樹	〃
	森　裕	〃
	渡辺美恵	〃

●1988　わが町のウォーターフロント

順位	氏 名	所 属
1等	新間英一	日本大学
	丹羽雄一	〃
	橋本樹宜	〃
	草薙茂雄	〃
	毛見　究	〃
2等(1席)	大内宏友	日本大学
	岩田明士	〃
	関根　智	〃
	原　直昭	〃
	村島聡乃	〃
(2席)	角田暁治	京都工芸繊維大学
3等	伊藤　泰	日本大学
	橋寺和子	関西大学
	居内章夫	〃
	奥村浩和	〃
	宮本昌彦	〃
	工藤信啓	九州大学
	石井博文	〃
	小林美和	〃
	松江健吾	〃
	森次　顕	〃
	石川恭温	〃

●1989　ふるさとの芸能空間

順位	氏 名	所 属
1等	湯浅篤哉	日本大学
	広川昭二	〃
2等(1席)	山岡哲哉	東京理科大学
(2席)	新間英一	日本大学
	長谷川晃三郎	〃
	岡里　潤	〃
	佐久間明	〃
	横尾愛子	〃
3等	直井　功	芝浦工業大学
	飯嶋　淳	〃
	松田葉子	〃
	浅見　清	〃
	清水健太郎	〃
	丹羽雄一	日本大学
	松原明生	京都工芸繊維大学

●1990　交流の場としてのわが駅わが駅前

順位	氏 名	所 属
1等	鎌田泰寛	室蘭工業大学
2等(1席)	若林伸吾	ゼブラクロス/環境計画研究機構
(2席)	植竹和弘	日本大学

順位	氏 名	所 属
	根岸延行	日本大学
	中西邦弘	〃
3等	飯田隆弘	日本大学
	山口哲也	〃
	佐藤教明	〃
	佐藤滋晃	〃
	本田昌明	京都工芸繊維大学
	加藤正浩	京都工芸繊維大学
	矢部達也	〃
第2部優秀作品	辺見昌克	東北工業大学
	重田真理子	日本大学
	小笠原滋之	日本大学
	岡本真吾	〃
	堂下　浩	〃
	曽根　奨	〃
	田中　剛	〃
	高倉朋文	〃
	富永隆弘	〃

●1991　都市の森

順位	氏 名	所 属
1等	北村順一	EARTH-CREW 空間工房
2等(1席)	山口哲也	日本大学
	河本憲一	〃
	広川雅樹	〃
	日下部仁志	〃
	伊藤康史	〃
	高橋武志	〃
(2席)	河合哲夫	京都工芸繊維大学
3等	吉田幸代	東京電機大学
	大勝義夫	東京電機大学
	小川政彦	〃
	有馬浩一	京都工芸繊維大学
第2部優秀作品	真崎英嗣	京都工芸繊維大学
	片桐岳志	日本大学
	豊川健太郎	神奈川大学

●1992　わが町のタウンカレッジをつくる

順位	氏 名	所 属
1等	増重雄治	広島大学
	平賀直樹	〃
	東　哲也	〃
2等	今泉　純	東京理科大学
	笠継　浩	九州芸術工科大学
	吉澤宏生	〃
	梅元建治	〃
	藤本弘子	〃
3等	大橋千枝子	早稲田大学
	永澤明彦	〃
	野嶋　徹	〃
	堀江由布子	〃
	水川ひろみ	〃
	葉　華	〃
	龍　治男	〃
	永井　牧	東京理科大学
	佐藤教明	日本大学
	木口英俊	〃
第2部優秀作品	田代拓未	早稲田大学
	細川直哉	早稲田大学
	南谷武志	豊橋技術科学大学
	植村龍治	〃
	鵜飼優美代	〃
	楊　迪鋼	〃
	品川ちとせ	〃

●1993　川のある風景

順位	氏 名	所 属
1等	堀田典裕	名古屋大学
	片木孝治	〃
2等	宇高雄志	豊橋技術科学大学
	新宅昭文	〃
	金田俊美	〃
	藤本統久	〃
	阪田弘一	大阪大学助手
	板谷善晃	大阪大学
	榎木靖倫	〃
3等	坂本龍宣	日本大学
	戸田正幸	〃
	西出慎吾	〃
	安田利宏	京都工芸繊維大学
	原　竜介	京都府立大学
第2部優秀作品	瀬木博重	東京理科大学
	平原英樹	東京理科大学
	岡崎光邦	日本文理大学
	岡崎泰和	〃
	米良裕二	〃
	脇坂隆治	〃
	池田貴光	〃

●1994　21世紀の集住体

順位	氏 名	所 属
1等	尾崎敦俊	関西大学
2等	岩佐明彦	東京大学
	疋田誠二	神戸大学
	西端賢一	〃
	鈴木　賢	〃
3等	菅沼秀樹 ビメンテル・フランシスコ	北海道大学
	藤石真樹	九州大学
	唐崎祐一	〃
	安武敦子	九州大学
	柴田　健	〃
第2部優秀作品	太田光則	日本大学
	南部健太郎	〃
	岩間大輔	〃
	佐久間朗	〃
	桐島　徹	日本大学
	長澤秀徳	〃
	福井恵一	〃
	蓮池　崇	〃
	和久　豪	〃
	薩摩亮治	京都工芸繊維大学
	大西康伸	〃

●1995　テンポラリー・ハウジング

順位	氏 名	所 属
1等	柴田　建 上野恭子 Nermin Mohsen Elokla	九州大学 〃
2等	津國博英 鈴木秀雄	エムアイエー建築デザイン研究所 〃
	川上浩史 圓塚紀祐 村松哲志	日本大学 〃 〃
3等	伊藤秀明	工学院大学
	中井賀代 伊藤一未	関西学院大学 〃
	内記英文 早樋　努	熊本大学 〃
第2部優秀作品	崎田由紀	日本女子大学
	的場喜郎	日本大学
	横地哲哉 大川航洋	日本大学 〃

順位	氏名	所属
	小越康乃	日本大学
	大野和之	〃
	清松寛史	〃

●1996 空間のリサイクル

順位	氏名	所属
1等	木下泰男	北海道造形デザイン専門学校講師
2等	大竹啓文	筑波大学
	松岡良樹	〃
	吉村紀一郎	豊橋技術科学大学
	江川竜之	〃
	太田一洋	〃
	佐藤裕子	〃
	増田成政	〃
3等	森雅章	京都工芸繊維大学
	上田佳奈	〃
	石川主税	名古屋大学
	中敦史	関西大学
	中島健太郎	〃
第2部優秀作品	徳田光弘	九州芸術工科大学
	浅見苗子	東洋大学
	池田さやか	〃
	内藤愛子	〃
	藤ヶ谷えり子	香川職業能力開発短期大学校
	久永康好	〃
	福井由香	〃

●1997 21世紀の『学校』

順位	氏名	所属
1等	三浦慎	フリー
	林太郎	東京芸術大学
	千野晴己	〃
2等	村松保洋	日本大学
	渡辺泰夫	〃
	森園知弘	九州大学
	市丸俊一	〃
3等	豊川斎赫	東京大学
	坂牧由美子	〃
	横田直子	熊本大学
	高橋将幸	〃
	中野純子	〃
	松本仁	〃
	富永誠一	〃
	井上貴明	〃
	岡田信男	〃
	李煒強	〃
	藤本美由紀	〃
	澤村要	〃
	浜田智紀	〃
	宮崎剛哲	〃
	風間奈津子	〃
	今村正則	〃
	中村伸二	〃
	山下剛	鹿児島大学
第2部優秀作品	間下奈津子	早稲田大学
	瀬戸健似	日本大学
	土屋誠	〃
	遠藤誠	〃
	渋川隆	東京理科大学

●1998 『市場』をつくる

順位	氏名	所属
最優秀賞	宇野勇治	名古屋工業大学
	三好光行	〃
	眞中正司	日建設計
優秀賞	筧雄平	東北大学
	村口玄	〃
	福島理恵	早稲田大学
	齋藤篤史	京都工芸繊維大学
	東尾勝則	近畿大学

順位	氏名	所属
タジマ奨励賞	山口雄治	東洋大学
	坂巻哲	〃
	齋藤真紀	早稲田大学専門学校
	浅野早苗	〃
	松本亜矢	〃
	根岸広人	早稲田大学専門学校
	石井友子	〃
	小池益代	〃
	原山賢	信州大学
	齋藤み穂	関西大学
	竹森紘臣	〃
	井川清	関西大学
	葉山純士	〃
	前田利幸	〃
	前村直紀	〃
	横山敦一	大阪大学
	青山祐子	〃
	倉橋尉仁	〃

●1999 住み続けられる"まち"の再生

順位	氏名	所属
最優秀賞 タジマ奨励賞	多田正治	大阪大学
	南野好司	〃
	大浦寛登	〃
優秀賞	北澤猛	東京大学
	遠藤新	〃
	市原富士夫	〃
	今村洋一	〃
	野原卓	〃
	今川俊一	〃
	栗原謙樹	〃
	田中健介	〃
	中島直人	〃
	三牧浩也	〃
	荒俣桂子	〃
	中楯哲史	法政大学
	安食公治	〃
	岡本欣士	〃
	熊崎敦史	〃
	西牟田奈々	〃
	白川在	〃
	増見収太	〃
	森島則文	フジタ
	堀田忠義	〃
	天満智子	〃
	松島啓之	神戸大学
	大村俊一	大阪大学
	生川慶一郎	〃
	横田郁	〃
タジマ奨励賞	開歩	東北工業大学
	鳥山暁子	東京理科大学
	伊藤教司	東京理科大学
	石冨達郎	金沢大学
	北野清晃	〃
	鈴木秀典	〃
	大谷瑞絵	〃
	青木宏之	和歌山大学
	伊佐治克哉	〃
	島田聖	〃
	高井美樹	〃
	濱上千香子	〃
	平林嘉泰	〃
	藤本玲子	〃
	松川真之介	〃
	向井啓晃	〃
	山崎和義	〃
	岩岡大輔	〃
	徳宮えりか	〃
	菊野恵	〃
	中瀬由子	〃
	山田細香	〃

順位	氏名	所属
	今井敦士	摂南大学
	東雅人	〃
	櫛部友士	〃
	奥野洋平	近畿大学
	松本幸治	〃
	中野百合	日本文理大学
	日下部真一	〃
	下地大樹	〃
	大前弥佐子	〃
	小沢博克	〃
	其志堅元一	〃
	三浦琢哉	〃
	濱村諭志	〃

●2000 新世紀の田園居住

順位	氏名	所属
最優秀賞	山本泰裕	神戸大学
	吉池寿顕	〃
	牛戸陽治	〃
	本田亙	フリー
	村上明	九州大学
優秀賞	藤原徹平	横浜国立大学
	高橋元氣	フリー
	畑中久美子	神戸芸術工科大学
	齋藤篤史	竹中工務店
	富田祐一	アール・アイ・エー大阪支社
	嶋田泰子	竹中工務店
タジマ奨励賞	張替那麻	東京理科大学
	平本督太郎	慶應義塾大学
	加曽利千草	〃
	田中真美子	〃
	三上哲哉	〃
	三島由樹	〃
	花井奏達	大同工業大学
	新田一真	金沢工業大学
	新藤太一	〃
	日野直人	〃
	早見洋平	信州大学
	岡部敏明	日本大学
	青山純	〃
	斉藤洋平	〃
	秦野浩司	〃
	木村輝之	〃
	重松研二	〃
	岡田俊博	〃
	森田絢子	明石工業高等専門学校
	木村恭子	〃
	永尾達也	〃
	延東治	明石工業高等専門学校
	松森一行	〃
	田中雄一郎	高知工科大学
	三木結花	〃
	横山藍	〃
	石田計志	〃
	松本康夫	〃
	大久保圭	〃

●2001 子ども居場所

順位	氏名	所属
最優秀賞	森雄一	神戸大学
	祖田篤輝	〃
	碓井亮	〃
優秀賞	小地沢将之	東北大学
	中塚祐一郎	〃
	浅野久美子	〃
(タジマ奨励賞)	山本幸恵	早稲田大学芸術学校
	太刀川寿子	〃
	横井祐子	〃
	片岡照博	工学院大学・早稲田大学芸術学校
	深澤たけ美	豊橋技術科学大学
	森川勇己	〃

順位	氏　名	所　属
	武部康博	豊橋技術科学大学
	安藤　剛	〃
	石田計志	高知工科大学
	松本康夫	〃
タジマ奨励賞	増田忠史	早稲田大学
	高尾研也	〃
	小林恵吾	〃
	蜂谷伸治	〃
	大木　圭	東京理科大学
	本間行人	東京理科大学
	山田直樹	日本大学
	秋山　貴	〃
	直井宏樹	〃
	山崎裕子	〃
	湯浅信二	〃
	北野雅士	豊橋技術科学大学
	赤松耕太	〃
	梅田由佳	〃
	坂口　祐	慶應義塾大学
	稲葉佳之	〃
	石井綾子	〃
	金子晃子	〃
	森田絢子	明石工業高等専門学校
	木村恭子	〃
	永尾達也	東京大学
	山名健介	広島工業大学
	安井裕之	〃
	平田友隆	〃
	西元咲子	〃
	豊田憲洋	〃
	宗村卓季	〃
	密山　弘	〃
	片岡　聖	〃
	今村かおり	〃
	大城幸恵	九州職業能力開発大学校
	水上浩一	〃
	米倉大喜	〃
	石峰顕道	〃
	安藤美代子	〃
	横田竜平	〃

●2002　外国人と暮らすまち

順位	氏　名	所　属
最優秀賞	竹田堅一	芝浦工業大学
	高山　久	〃
	依田　崇	〃
	宮野隆行	〃
	河野友紀	広島大学
	佐藤菜採	〃
	高山武士	〃
	都築　元	〃
	安井裕之	広島工業大学
	久安邦明	〃
	横川貴史	〃
優秀賞	三谷健太郎	東京理科大学
	田中信也	千葉大学
	穂積雄平	東京理科大学
	山本　学	神奈川大学
(タジマ奨励賞)	水上浩一	九州職業能力開発大学校
	吉岡雄一郎	〃
	西村　恵	〃
	大脇淳一	〃
	古川晋作	〃
	川崎美紀子	〃
	安藤美代子	〃
	米倉大喜	〃
タジマ奨励賞	TEOH CHEE SIANG	千葉大学
	岩崎真志	豊橋技術科学大学
	中西　功	〃
	長田剛和	〃
	三原直也	京都工芸繊維大学

順位	氏　名	所　属
	安藤美代子	九州職業能力開発大学校
	桑山京子	〃
	井原堅一	〃
	井上　歩	〃
	米倉大喜	〃
	水上浩一	〃
	矢橋　徹	日本文理大学

●2003　みち

順位	氏　名	所　属
最優秀賞 島本源徳賞	山田智彦	千葉大学
	加藤大志	〃
	陶守奈津子	〃
	末廣倫子	〃
	中野　薫	〃
	鈴木葉子	〃
	廣瀬哲史	〃
	北澤有里	〃
最優秀賞 (タジマ奨励賞)	宮崎明子	東京理科大学
	溝口省吾	〃
	細山真治	〃
	横川貴史	広島工業大学
	久安邦明	〃
	安井裕之	〃
優秀賞	市川尚紀	東京理科大学
	石井　亮	東京理科大学
	石川雄一	〃
	中込英樹	〃
	表　尚玄	大阪市立大学
	今井　朗	〃
	河合美保	〃
	今村　顕	〃
	加藤悠介	〃
	井上昌子	〃
	西脇智子	〃
	宮谷いずみ	〃
	稲垣大志	〃
	酢田祐子	〃
(タジマ奨励賞)	松川洋輔	日本文理大学
	嵯峨彰仁	〃
	川野伸寿	〃
	持留啓徳	〃
	国頭正章	〃
	雑賀貴志	〃
タジマ奨励賞	中井達也	大阪大学
	桑原悠樹	〃
	尾杉友浩	〃
	西澤嘉一	〃
	田中美帆	〃
	森川真嗣	国立明石工業高等専門学校
	加藤哲史	広島大学
	佐々岡由訓	〃
	松岡由子	〃
	長池正純	〃
	内田哲広	広島大学
	久留原明	〃
	松本幸子	〃
	割方文子	〃
	宮内聡明	日本文理大学
	大西達郎	〃
	嶋田孝頼	〃
	野見山雄太	〃
	田村文乃	〃
	松浦　琢	九州芸術工科大学
	前田圭子	国立有明工業高等専門学校
	奥薗加奈子	〃
	西田朋美	〃
	田中隆志	九州職業能力開発大学校
	古川晋作	〃
	保永勝重	〃
	田端孝蔵	〃
	吉岡雄一郎	〃
	井原堅一	〃
	大脇淳一	〃

順位	氏　名	所　属
●2004　建築の転生・都市の再生		
最優秀賞 島本源徳賞 (タジマ奨励賞)	遠藤和郎	東北工業大学
最優秀賞 島本源徳賞	紅林佳代	日本大学
	柳瀬英江	〃
	牧田浩二	〃
最優秀賞	和久倫也	東京都立大学
	小川　仁	〃
	齋藤茂樹	〃
	鈴木啓之	〃
優秀賞	本間行人	横浜国立大学
	齋藤洋平	大成建設
	小菅俊太郎	〃
	藤原　稔	〃
タジマ奨励賞	平田啓介	慶應義塾大学
	椎木空海	〃
	柳沢健人	〃
	塚本　文	〃
	佐藤桂火	東京大学
	白倉　将	京都工芸繊維大学
	山田道子	大阪市立大学
	舩橋耕太郎	〃
	堀野　敏	大阪市立大学
	田部兼三	〃
	酒井雅男	〃
	山下剛史	広島大学
	下田康晴	〃
	西川佳香	〃
	田村隆志	日本文理大学
	中村公亮	〃
	茅根一貴	〃
	水内英允	〃
	難波友亮	鹿児島大学
	西垣智哉	〃
	小佐見友子	鹿児島大学
	瀬戸口晴美	〃
●2005　風景の構想―建築をとおしての場所の発見―		
最優秀賞 島本源徳賞	中西正佳	京都大学
	佐官淳一	〃
	松田拓郎	北海道大学
優秀賞	石川典貴	京都工芸繊維大学
	川勝崇道	〃
	森　隆	芝浦工業大学
	廣瀬　悠	立命館大学
	加藤直史	〃
	水谷好美	立命館大学
(タジマ奨励賞)	吉村　聡	神戸大学
(タジマ奨励賞)	木下皓一郎	熊本大学
	菊池　聡	〃
	佐藤公信	〃
タジマ奨励賞	渡邉幹夫	日本文理大学
	伊禮竜馬	〃
	中野晋治	〃
	近藤　充	東北工業大学
	賞雅裕和	日本大学
	田島　誠	〃
	重堂英仁	〃
	濱崎梨沙	鹿児島大学
	中村直人	〃
	王　東揚	〃
●2006　近代産業遺産を生かしたブラウンフィールドの再生		
最優秀賞 島本源徳賞	新宅　健	山口大学
	三好宏史	〃
	山下　敦	〃

（　）はタジマ奨励賞と重賞

順位	氏名	所属
優秀賞	中野茂夫	筑波大学
	不破正仁	〃
	市原 拓	〃
	小山雄資	〃
	神田伸正	〃
	臂 徹	〃
	堀江晋一	大成建設
	関山泰忠	〃
	土屋尚人	〃
	中野 弥	〃
	伊原 慶	〃
	出口 亮	〃
	萩原崇史	千葉大学
	佐本雅弘	〃
	真泉洋介	〃
	平山善雄	九州大学
	安部英輝	〃
	馬場大輔	〃
	疋田美紀	〃
タジマ奨励賞	広田直樹	関西大学
	伏見将彦	〃
	牧 奈歩	明石工業高等専門学校
	国居郁子	〃
	井上亮太	〃
	三崎恵理	関西大学
	小島 彩	〃
	伊藤裕也	広島大学
	江口宇雄	〃
	岡島由賀	〃
	鈴木聖明	近畿大学
	高田耕平	〃
	田原康啓	〃
	戎野朗生	広島大学
	豊田章雄	〃
	山根俊輔	〃
	森 智之	〃
	石川陽一郎	〃
	田尻昭久	崇城大学
	長家正典	〃
	久冨太一	〃
	皆川和朗	日本大学
	古賀利郎	〃
	髙田 郁	大阪市立大学
	黒木悠真	〃
	桜間万里子	〃

●2007　人口減少時代のマイタウンの再生

順位	氏名	所属
最優秀賞 島本源徳賞	牟田隆一	九州大学
	吉良直子	〃
	多田麻梨子	〃
	原田 慧	〃
最優秀賞	井村英之	東海大学
	杉 和也	〃
	松浦加奈	〃
	多賀麻衣子	和歌山大学
	北山めぐみ	〃
	木村秀男	〃
	宮原 崇	〃
	本塚智貴	〃
優秀賞	辻 大起	日本大学
	長岡俊介	〃
	村瀬慶征	神戸大学
	堀 浩人	〃
	船橋謙太郎	〃
(タジマ奨励賞)	隈部俊輔	広島大学
	中尾洋明	〃
	高平茂輝	〃
	塚田浩介	〃
	重廣 亨	〃
	益原実礼	〃

順位	氏名	所属
タジマ奨励賞	田附 遼	東京工業大学
	村松健児	〃
	上條慎司	〃
	三好絢子	広島工業大学
	龍野裕平	〃
	森田 淳	〃
	宇根明日香	近畿大学
	櫻井美由紀	〃
	松野 藍	〃
	柳川雄太	近畿大学
	山本恭平	〃
	城納 剛	〃
	関谷有希	近畿大学
	三浦 亮	〃
	古田靖幸	近畿大学
	西村知香	〃
	川上裕司	〃
	古田真史	広島大学
	渡辺晴香	〃
	萩野 亮	〃
	富山晃一	鹿児島大学
	岩元俊輔	〃
	阿相和成	〃
	林川祥子	日本文理大学
	植田祐加	〃
	大熊夏代	〃
	生野大輔	〃
	霜田和樹	〃

●2008　記憶の器

順位	氏名	所属
最優秀賞	矢野佑一	大分大学
	山下博廉	〃
	河津恭平	〃
	志水昭太	〃
	山本展久	〃
	赤木建一	九州大学
	山崎貴幸	〃
	中村翔悟	〃
	井上裕子	〃
優秀賞 (タジマ奨励賞)	板谷 慎	日本大学
	永田貴祐	〃
	黒木悠真	大阪市立大学
	坪井祐太	山口大学
	松本 誉	〃
	花岡芳徳	広島工業大学
	児玉亮太	〃
(タジマ奨励賞)	中川聡一郎	九州大学
	樋口 翔	〃
	森田 翔	〃
	森脇亜津子	〃
タジマ奨励賞	河野 恵	広島大学
	百武恭司	〃
	大高美乃里	〃
	千葉美幸	京都大学
	國居郁子	明石工業高等専門学校
	福本 遼	〃
	水谷昌稔	〃
	成松仁志	近畿大学
	松田尚子	〃
	安田浩子	〃
	平町好江	近畿大学
	安藤美有紀	〃
	中田庸平	〃
	山口和紀	近畿大学
	岡本麻希	〃
	高橋磨有美	〃
	上村浩貴	高知工科大学
	富田海友	東海大学

順位	氏名	所属
●2009年　アーバン・フィジックスの構想		
最優秀賞	木村敬義	前橋工科大学
	武曽雅嗣	〃
	外崎晃洋	〃
	河野 直	京都大学
	藤田桃子	〃
優秀賞	石毛貴人	千葉大学
	生出健太郎	〃
	笹井夕莉	〃
	江澤現之	山口大学
	小崎太士	〃
	岩井敦郎	〃
(タジマ奨励賞)	川島 卓	高知工科大学
タジマ奨励賞	小原希望	東北工業大学
	佐藤えりか	〃
	奥原弘平	日本大学
	三代川剛久	〃
	松浦眞也	〃
	坂本大輔	広島工業大学
	上田寛之	〃
	濱本拓幸	〃
	寺本 健	高知工科大学
	永尾 彩	北九州市立大学
	濱本拓磨	〃
	山田健太朗	〃
	長谷川伸	九州大学
	池田 亘	〃
	石神絵里奈	〃
	瓜生宏輝	〃
●2010　大きな自然に呼応する建築		
最優秀賞	後藤充裕	宮城大学
	岩城和昭	〃
	佐々木詩織	〃
	山口喬久	〃
	山田祥平	〃
	鈴木高敏	工学院大学
	坂本達典	〃
	秋野崇大	愛知工業大学
	谷口桃子	〃
	宮口 晃	愛知工業大学研究
優秀賞	遠山義雅	横浜国立大学
	入口佳勝	広島工業大学
	指原 豊	株式会社浦野設計
	神谷悠実	三重大学大学院
	前田太志	三重大学大学院
	横山宗宏	広島工業大学
	遠藤創一朗	山口大学
	木下 知	〃
	曽田龍士	〃
(タジマ奨励賞)	笹田侑志	九州大学
タジマ奨励賞	真田 匠	九州工業大学
	戸出達弥	前橋工科大学
	渡邉宏道	〃
	安田祐介	九州大学
	木村愛実	広島大学
	後藤雅和	岡山理科大学
	小林規矩也	〃
	枇榔博史	〃
	中村宗樹	〃
	江口克成	佐賀大学
	泉 竜斗	〃
	上村恵里	〃
	大塚一翼	〃

順位	氏名	所属
タジマ奨励賞	今林寛晃	福岡大学
	井田真広	〃
	筒井麻子	〃
	柴田陽平	〃
	山中理沙	〃
	宮崎由佳子	〃
	坂口 織	〃
	Baudry Margaux Laurene	九州大学
	濱谷洋次	九州大学

●2011 時を編む建築

順位	氏名	所属
最優秀賞	坂爪佑丞 西川日満里	横浜国立大学
	入江奈津子 佐藤美奈子 大屋綾乃	九州大学
優秀賞	小林 陽 アマングリ トゥリソン 井上美咲 前畑 薫 山田飛鳥 堀 光瑠	東京電機大学
	齋藤慶和 石川慎也 仁賀木はるな 奥野浩平	大阪工業大学
	坂本大輔	広島工業大学
	西亀和也 山下浩祐 和田雅人	九州大学
佳作 (タジマ奨励賞)	高橋拓海 西村健宏	東北工業大学
	木村智行 伊藤恒輝 平野有良	首都大学東京大学
	佐長秀一 大塚健介 曽根田恵	東海大学
	澁谷年子	慶應義塾大学
(タジマ奨励賞)	山本 葵	大阪大学
	松瀬秀隆 阪口裕也 大谷友人	大阪工業大学
タジマ奨励賞	金 司寛 田中達朗	東京理科大学
	山根大知 井上 亮 有馬健一郎 西岡真穂 朝井彩加 小草未希子 柳原絵里子 片岡恵理子 三谷佳奈子	島根大学
	松村紫舞 鶴崎翔太 西村唯子	広島大学
	山本真司 佐藤真美 石川佳奈	近畿大学
	塩川正人 植木優行 水下竜也 中尾恭子	近畿大学
	木村龍之介 隣真理子 吉田枝里	熊本大学

順位	氏名	所属
タジマ奨励賞	熊井順一	九州大学
	菊野 慧 岩田奈々	鹿児島大学

●2012 あたりまえのまち／かけがえのないもの

順位	氏名	所属
最優秀賞	神田謙匠 吉田知剛	金沢工業大学
	坂本和哉 坂口文彦 中尾礼太	関西大学
	元木智也 原 宏佑	京都工芸繊維大学
優秀賞	大谷広司 諸橋 俊 上田一樹 殷 玥	千葉大学
	辻村修太郎 吉田祐介	関西大学
	山根大知 酒井直哉 稲垣伸彦 宮崎 照	島根大学
佳作	平林 瞳 水野貴之	横浜国立大学
(タジマ奨励賞)	石川 睦 伊藤哲也 江間亜弥 大山真司 羽場健人 山田健登 丹羽一将 船橋成明 服部佳那子	愛知工業大学
	高橋良至 殷 小文 岩田 翔 二村緋菜子	神戸大学
	梶並直貴 植田裕基 田村彰浩	山口大学
(タジマ奨励賞)	田中伸明 有谷友孝 山田康助	熊本大学
(タジマ奨励賞)	江渕 翔 田川理香子	九州産業大学
タジマ奨励賞	吉田智大	前橋工科大学
	鈴木翔麻	名古屋工業大学
	齋藤俊太郎 岩田はるな 鈴木千裕	豊田工業高等専門学校
	野正達也 榎並拓哉 溝口憂樹 神野 翔	西日本工業大学
	冨木幹大 土肥準也 関 恭太	鹿児島大学
	原田爽一朗	九州産業大学
	楠井寛子 西山雄大 徳永孝平 山田泰輝	九州大学

●2013 新しい建築は境界を乗り越えようとするところに現象する

順位	氏名	所属
最優秀賞	金沢 将 奥田晃大	東京理科大学
最優秀賞	山内翔太	神戸大学

順位	氏名	所属
優秀賞	丹下幸太	日本大学
	片山 豪	筑波大学
	高松達弥	法政大学
	細川良太	工学院大学
	伯耆原洋太 石井義章 塩塚勇二郎	早稲田大学
	徳永悠希 小林大祐 李 海寧	神戸大学
佳作	渡邉光太郎 下田奈祐	東海大学
	竹中祐人 伊藤 彩 今井沙耶 弓削一平	千葉大学
	門田晃明 川辺 隼 近藤拓也	関西大学
(タジマ奨励賞)	手銭光明 青戸貞治 羽藤文人	近畿大学
	香武秀和 井野天平 福本拓馬	熊本大学
	白濱有紀 有谷友孝 中園はるか	熊本大学
	徳永孝平 赤田心太	九州大学
タジマ奨励賞	島崎 翔 浅野康成 大平晃司 髙田汐莉	日本大学
	鈴木あいね 守屋佳代	日本女子大学
	安藤彰悟	愛知工業大学
	廣澤克典	名古屋工業大学
	川上咲久也 村越万里子	日本女子大学
	関里佳人 坪井文武 李 翠婷	日本大学
	阿師村珠実 猪飼さやか 加藤優思 田中隆一朗 細田真衣 牧野俊弥 松本彩伽 三井杏久里 宮城喬平 渡邉裕二	愛知工業大学
	西村里美 河井良介 野田佳和 平尾一真 吉田 剣	崇城大学
	野口雄太 奥田祐大	九州大学

●2014 建築のいのち

順位	氏名	所属
最優秀賞	野原麻由	信州大学
優秀賞	杣川真美 末次猶輝 高橋勇人 宮崎智史	千葉大学
優秀賞(タジマ奨励賞)	泊裕太郎	西日本工業大学

( )はタジマ奨励賞と重賞

順位	氏名	所属
優秀賞	野田佳和 浦川祐一 江上史恭 江嶋大輔	崇城大学 〃 〃 〃
佳作	金尾正太郎 向山佳穂	東北大学 〃
	猪俣馨 岡武和規	東京理科大学 〃
	竹之下賞子 小林克礼 齋藤弦	千葉大学 〃 〃
	松下和輝 黄亦謙 奥山裕貴 HUBOVA TATIANA	関西大学 〃 〃 関西大学院外研究生
	佐藤洋平 川口祥茄	早稲田大学 広島工業大学
	手銭光明 青戸貞治 板東孝太郎	近畿大学 〃 〃
	吉田優子 李春炫 土井彰人 根谷拓志	九州大学 〃 〃 〃
	髙橋卓 辻佳菜子 関根卓哉	東京理科大学 〃 〃
タジマ奨励賞	畑中克哉	京都建築大学
	白旗勇太 上田将人 岡田遼 宍倉百合奈	日本大学 〃 〃 〃
	松本寛司	前橋工科大学
	中村沙樹子 後藤あづさ	日本女子大学 〃
	鳥山佑太 出向壮	愛知工業大学 〃
	川村昂大	高知工科大学
	杉山雄一郎 佐々木翔多 高尾亜利沙	熊本大学 〃 〃
	鈴木龍一 宮本薫平 吉海雄大	熊本大学 〃 〃

●2015 もう一つのまち・もう一つの建築

順位	氏名	所属
最優秀賞	小野竜也 蒲健太朗 服部奨馬	名古屋大学 〃 〃
	奥野智士 寺田桃子 中野圭介	関西大学 〃 〃
優秀賞 (タジマ奨励賞)	村山大騎 平井創一朗	愛知工業大学 〃
(タジマ奨励賞)	相見良樹 相川美波 足立和人 磯崎祥吾 木原真慧 中山敦仁 廣田貴之 藤井彬人 藤岡宗杜	大阪工業大学 〃 〃 〃 〃 〃 〃 〃 〃
	中馬啓太 銅田匠馬 山中晃	関西大学 〃 〃

順位	氏名	所属
優秀賞	市川雅也 廣田竜介 松崎篤洋	立命館大学 〃 〃
佳作	市川雅也 寺田穂	立命館大学 〃
	宮垣知武	慶應義塾大学
(タジマ奨励賞)	河口名月 大島泉奈 沖野琴音 鈴木来未	愛知工業大学 〃 〃 〃
	大村公亮	信州大学
	藤江眞美 後藤由子	愛知工業大学 〃
(タジマ奨励賞)	片岡諒 岡田大洋 妹尾さくら 長野公輔 藤原俊也	摂南大学 〃 〃 〃 〃
タジマ奨励賞	直井美の里 三井崇司	愛知工業大学 〃
	上東寿樹 赤岸一成 林聖人 平田祐太郎	広島工業大学 〃 〃 〃
	西村慎哉 岡田直果 阪口雄大	広島工業大学 〃 〃
	武谷創	九州大学

●2016 残余空間に発見する建築

順位	氏名	所属
最優秀賞	奥田祐大 白鳥恵理 中田寛人	横浜国立大学 〃 〃
優秀賞	後藤由子 長谷川敦哉	愛知工業大学 〃
	廣田竜介	立命館大学
佳作	前田直哉 髙瀬修 田中雄大 柳沢伸也	早稲田大学 早稲田大学 東京大学 やなぎさわ建築設計室
	道ノ本健大	法政大学
	北村将 藤枝大樹 市川綾音	名古屋大学 〃 〃
	大村公亮 出嶋麻子 上田彬央	信州大学 〃 〃
	倉本義己 中山絵理奈 村上真央	関西大学 〃 〃
	伊達一穂	東京芸術大学
	市場靖崇 藤井隆道	近畿大学 〃
	森知史 山口薫平	東京理科大学 〃
	高橋豪志郎 北村晃一 野嶋淳平 村田晃一	九州大学 〃 〃 〃
タジマ奨励賞	宮嶋悠輔 門口稚奈 谷醒龍 濱嶋杜人	日本大学 〃 〃 〃
	久崎雅隆 竹田来任 松枝朝	日本大学 〃 〃

順位	氏名	所属
タジマ奨励賞	福住陸 郡司育己 山崎令奈	日本大学 〃 〃
	西尾勇輝 大塚謙太郎 杉原広起	日本大学 〃 〃
	伊藤啓人 大山兼五	愛知工業大学 〃
	木尾卓矢 有賀健造 杉山敦美 小林竜一	愛知工業大学 〃 〃 〃
	山本雄一 西垣佑哉	豊田工業高等専門学校 〃
	田上瑛莉香 實光周作 流慶斗	近畿大学 〃 〃
	蓑原梨里花 井上由理佳 末吉真也 野畑崇子	近畿大学 〃 〃 〃
	本山翔伍 北之園裕子 倉岡進吾 佐々木麻結 松田寛敬	鹿児島大学 〃 〃 〃 〃

●2017 地域の素材から立ち現れる建築

順位	氏名	所属
最優秀賞	竹田幸介	名古屋工業大学
	永井拓生 浅井翔平 芦澤竜一 中村優 堀江健太	滋賀県立大学 〃 〃 〃 〃
優秀賞	中津川銀司	新潟大学
	前田智洋 外薗寿樹 山中雄登 山本恵里佳	九州大学 〃 〃 〃
佳作 (タジマ奨励賞)	原大介	札幌市立大学
	片岡裕貴 小倉畑昂祐 熊谷僚馬 樋口圭太	名古屋大学 〃 〃 〃
	浅井漱太 伊藤啓人 嶋田貴仁 見野綾子	愛知工業大学 〃 〃 〃
(タジマ奨励賞)	中村圭佑 赤堀厚史 加藤柚衣 佐藤未来	日本大学 〃 〃 〃
	小島尚久 鈴木彩伽 東美弦	神戸大学 〃 〃
	川添浩輝 大崎真幸 岡実侑 加藤駿吾 中川栞里	神戸大学 〃 〃 〃 〃
	鈴木亜生	ARAY Architecture
タジマ奨励賞	金井里佳 大塚将貴	九州大学 〃
	木村優介 高山健太郎 田口愛 宮澤優夫 脇田優奈	愛知工業大学 〃 〃 〃 〃

順位	氏名	所属
タジマ奨励賞	小室昂久 上山友理佳 北澤一樹 清水康之介	日本大学 〃 〃 〃
	明庭久留実 菊地留花 中川直樹 中川姫華	豊橋技術科学大学 〃 〃 〃
	玉井佑典 川岡聖夏	広島工業大学 〃
	竹國亮太 大村絵理子 土居脇麻衣 直永亮明	近畿大学 〃 〃 〃
	朴　裕理 福田和生 福留　愛	熊本大学 〃 〃
	坂本磨美 荒巻充貴紘	熊本大学 〃

●2018　住宅に住む、そしてそこで稼ぐ

順位	氏名	所属
最優秀賞 (タジマ奨励賞)	駒田浩基 岩﨑秋太郎 崎原利公 杉本秀斗	愛知工業大学 〃 〃 〃
優秀賞	東條一智 大谷拓嗣 木下慧次郎 栗田陽介	千葉大学 〃 〃 〃
(タジマ奨励賞)	松本　樹 久保井愛実 平光純子 横山愛理	愛知工業大学 〃 〃 〃
	堀　裕貴 冀　晶晶 新開夏織 浜田千種	関西大学 〃 〃 〃
	髙川直人 鶴田敬祐 樋口　豪 水野敬之	九州大学 〃 〃 〃
佳作	宮岡喜和子 岩波宏佳 鈴木ひかり 田邉伶夢 藤原卓巳	東京電機大学 〃 〃 〃 〃
	田口　愛 木村優介 宮澤優夫	愛知工業大学 〃 〃
(タジマ奨励賞)	中家　優 打田彩季枝 七ツ村希 奈良結衣	愛知工業大学 〃 〃 〃
	藤田宏太郎 青木雅子 川島裕弘 国本晃裕 福西直貴 水上智好 山本博史	大阪工業大学 〃 〃 〃 〃 〃 〃
	朝永詩織 石野隼丸 栢木俊樹 川合俊樹 橋本遼馬 福田翔万 福本純也	大阪工業大学 〃 〃 〃 〃 〃 〃

順位	氏名	所属
(タジマ奨励賞)	浅井漱太 伊藤啓人 川瀬清賀 見野綾子	愛知工業大学 〃 〃 〃
	中村勇太 白木美優 鈴木里菜 中城裕太郎	愛知工業大学 〃 〃 〃
タジマ奨励賞	吉田鷹介 佐藤佑樹 瀬戸研太郎 七尾哲平	東北工業大学 〃 〃 〃
	大方利希也	明治大学
	岩城絢央 小林春香	日本女子大学 〃
	工藤浩平	東京都市大学
	渡邉健太郎 小山佳織	日本大学 〃
	松村貴輝	熊本大学

（　）はタジマ奨励賞と重賞

ダンチを再考する

2019年度日本建築学会設計競技優秀作品集　　定価はカバーに表示してあります。

2019年12月20日　1版1刷発行　　　　　　ISBN 978-4-7655-2614-2 C3052

編　　者　一般社団法人日本建築学会

発 行 者　長　　滋　彦

発 行 所　技 報 堂 出 版 株 式 会 社

〒101-0051　東京都千代田区神田神保町1-2-5

日本書籍出版協会会員　　電　話　営　　業（03）（5217）0885
自然科学書協会会員　　　　　　　編　　集（03）（5217）0881
土木・建築書協会会員　　　　　　Ｆ Ａ Ｘ（03）（5217）0886

振替口座　00140-4-10

Printed in Japan　　　　　　　　　http://gihodobooks.jp/

ⒸArchitectural Institute of Japan, 2019　　装幀 ジンキッズ　印刷・製本 朋栄ロジスティック

落丁・乱丁はお取り替えいたします。

JCOPY　＜（社）出版者著作権管理機構　委託出版物＞

本書の無断複写は著作権法上での例外を除き禁じられています。複写される場合は，そのつど事前に，（社）出版者著作権管理機構（電話：03-3513-6969，FAX：03-3513-6979，E-mail：info@jcopy.or.jp）の許諾を得てください。